●百花盆栽图说丛书

苏　铁

陈　璋
潘爱芳　编著

中国林业出版社

图书在版编目（CIP）数据

苏铁/陈璋编著. －北京：中国林业出版社，2004.1
（百花盆栽图说丛书）
ISBN 7－5038－3639－3

Ⅰ.苏... Ⅱ.陈... Ⅲ.苏铁科—观赏园艺 Ⅳ.S682.36

中国版本图书馆 CIP 数据核字（2003）第118921号

出　　版：中国林业出版社（100009　北京西城区刘海胡同7号）
E-mail：cfphz@public.bta.net.cn
电　　话：010－66188524
特约编辑：王有江
责任编辑：刘开运　谭艳萍　卢　灵
图文整理：殷婧同舍等
发　　行：新华书店北京发行所
图文制作：北京创世源图文设计制作中心
印　　刷：北京昌平百善印刷厂
版　　次：2004年1月第1版
印　　次：2004年1月第1次
开　　本：148mm×210mm　1/32
印　　张：3.625　　插页：16
字　　数：100千字
印　　数：1～5000册
定　　价：12.00元

序

花卉盆栽在我国有悠久的发展历史，深厚的文化传承。我国被誉为“世界花园之母”，花卉种质资源（不论名花良种还是野生花卉）极为丰富。现代社会人们对花卉的鉴赏水平越来越高，盆栽消费也一派繁荣。

越来越多的人们喜欢在居室中栽培自己所钟爱的花卉。社会礼仪交往中，也有很多人已将盆花作为礼物相互赠送。随着人们对环境美的时尚追求，许多人已从单纯用花卉点缀居室、闲暇修身养性，发展为追求人与自然的交融、追求花文化的深刻内涵。有些人或欣赏梅花香自苦寒来的傲骨、铁树的坚韧，或陶醉于蝴蝶兰的争奇斗妍、牡丹的国色天香、仙人掌的神圣不可侵犯等等。客厅中的亭立观叶植物也使人犹如置入大自然之中。花语传递出人们只可意会而不可言传的情感。

那么，盆栽爱好者所钟爱的单种类花卉的文化渊源是什么？中外盆栽爱好者所赋予的花文化内涵是什么？莳养要诀是什么？怎样使盆栽花卉有效地控制花期？诸如此类等等问题，不仅是盆栽生产者，也是盆栽爱好者迫切需要了解的。为满足市场需求，“百花盆栽图说丛书”适时出版了。

综观全套丛书有以下三大亮点：

1. 作者大多是敬业于花艺界多年的专家、学者，在单种类花卉经营和研究实践基础之上，总结出了一套有自己独到又切合实际的经验方法、绝活。

2. 该套丛书从初级入手，从花卉管理的焦点入手，以图说方式展开，循序渐进、简明扼要。既是科普书，又有一定的科研价值。

3. 每册书都在花卉文化和应用方面有独到的阐述和深入的挖掘，为人们欣赏和应用花卉提供了参考。

“百花盆栽图说丛书”编委及作者，历经近2年的策划及创作，出版这么大规模的种类相对齐全而又图文并茂、体例及长短适宜的图说丛书，国内尚属首次，应该说，是填补了一项空白。审读着每一本书稿，可谓爱不释手。我作为老一代的“花痴”，看到的是百花园中成长的新一代的今天，和当今世界大花园中我国花文化辉煌的明天，心中有无限的欣慰。

相信有我国现代的和悠久的花卉栽培技术积淀及不断汲取的西方花卉栽培技术，我国花卉产业及文化将快速驶向光辉灿烂的明天。

中国工程院院士 陈俊愉

2003年12月

前　言

苏铁是一个古老的植物类群，是地球上现存最古老的孑遗植物之一，也是种子植物中最原始的种群，素有“植物界的大熊猫”之称，被列为世界上最珍贵的一类重点保护的濒危植物之一。据统计，苏铁类植物全球现存有3科11属约270多种，分布于亚洲、非洲、大洋洲与美洲的热带、亚热带地区的干旱石灰岩或茂密雨林中。我国是世界上苏铁类植物资源最丰富的国家之一，虽然自然分布的苏铁只有苏铁科苏铁属，但已知的至少有25种，其中不少还是我国的特有种。它们分布地域广阔，生态环境多种多样，有着非常悠久的栽培历史，因其四季常青、外形刚毅、生长缓慢、寿命很长，深受我国人民的喜爱。人们种苏铁、赏苏铁、爱苏铁，常常把苏铁人格化，赋予其独特的象征意义，寄托无数美好的愿望和祈求。

苏铁不仅具有很高的观赏价值，而且具有较高的经济价值。因其适应性广，耐粗放栽培，在我国大江南北广为种植，或地栽布置各类园林绿地，或盆栽装饰家居庭院，均有良好的观赏效果。特别是造型别致、风格独特的苏铁盆景更是深受广大消费者的喜爱，长期畅销海内外。与此相比，我国的苏铁植物研究则显得较为落后，苏铁知识的宣传普及与苏铁资源保护工作还远不能满足社会经济发展的需求。为此，本书在简要阐述了苏铁及其近缘植物的形态特征、生长习性和常见物种特征的基础上，系统地介绍了苏铁类植物的各种繁殖方法、栽培管理要点、盆景制作技艺、

病虫害防治知识以及苏铁的观赏价值与经济价值。力求图文并茂，通俗实用。但由于水平有限，下笔仓促，本书中的疏漏错误之处在所难免，恳请各位读者不吝赐教。

编　者
2003 年 8 月

目 录

1 概 述

苏铁是一个古老的植物类群，是地球上现存最古老的孑遗植物，也是种子植物中最原始的种群。它最早出现在2.5亿年前的古生代二叠纪，到1.5亿~1.9亿年前的侏罗纪时最兴旺，与恐龙并驾称霸地球，但到了白垩纪，苏铁类植物及其他裸子植物开始衰退，并迅速为被子植物所取代。至今，苏铁已成为了世界最珍贵的一类重点保护濒危植物，被誉为植物界的大熊猫。据统计，苏铁类植物现存有3科11属（表1.1）约270多种，分布于亚洲、非洲、大洋洲与美洲的热带、

表1.1 苏铁植物的系统分类（Stenvenson，1992）

科	亚科	属	种数	代表种
苏铁科 Cycadaceae		苏铁属	80	苏铁 *Cycas revoluta* 攀枝花苏铁 *Cycas panzhihuaensis* 拳叶苏铁 *Cycas circinalis*
托叶铁科 Stangeriaceae	托叶铁亚科	托叶铁属	1	托叶铁 *Stangeria eriopus*
	波温铁亚科	波温铁属	3	波温铁 *Bowenia spectabilis*
泽米科 Zamiaceae	非洲铁亚科	双子铁属	12	双子铁 *Dioon edule*
		鳞叶铁属	2	鳞叶铁 *Lepidozamia peroffskyana*
		大苏铁属	40	大苏铁 *Macrozamia riedlei*
		非洲铁属	60	长叶非洲铁 *Encephalartos longifolius*
	泽米亚科	角果铁属	16	角果铁 *Ceratozamia mexicana*
		小苏铁属	1	小苏铁 *Microcycas calocoma*
		泽米属	55	鳞秕泽米 *Zamia purpuracea* 美洲苏铁 *Zamia pumila*
		哥伦比亚属	2	哥伦比亚铁 *Chigua restrepoi*

亚热带地区干旱石灰岩或茂密雨林下。除苏铁属广泛分布于整个东南亚，并向外延伸到澳大利亚、非洲东部、西太平洋和印度洋诸岛外，其他各属均有明显的分布特点。波温铁属、大苏铁属和鳞叶苏铁属只分布于澳大利亚大陆，小苏铁属特产于古巴，双子铁属、角状苏铁属、哥伦比亚铁属和泽米属则从美国的佛罗里达州、墨西哥到巴西、智利都有发现，非洲苏铁属主要分布于非洲东部、西部和中部，托叶铁属则只见于非洲南部地区。目前，世界各地对苏铁资源的研究与保护越来越重视，国际濒危野生动植物贸易公约（CITES）已将所有苏铁列入限制商业进出口的保护名录。自1987年始，每隔3年召开一次国际苏铁生物学会议，共商苏铁资源保护对策，并建立了数十处苏铁自然保护区和迁地保护区。

我国是世界上苏铁植物资源最丰富的国家之一。虽然自然分布的苏铁只有苏铁科苏铁属，但已知的至少有25种，其中不少还是我国的特有种。这些主要分布于福建、广东、广西、海南、台湾、云南、四川、贵州、湖南等地区交通不便的边远山区，分布地域广阔，生态环境多种多样。分布最北的为四川省宁明县的攀枝花苏铁（*Cycas panzhihuaenses*），为北纬27°11′，也是苏铁科植物分布在欧亚大陆的最北界；分布最南的为海南省甘什岭自然保护区的台湾苏铁（*Cycas taiwaniana*），地处北纬18°24′；分布最东的是台湾省台东县海岸山脉的台东苏铁（*Cycas taitungensis*），为东经121°15′；分布最西的则是中缅边界的瑞丽苏铁（*Cycas ruiliasis*），东经97°28′。南北跨越纬度8°47′，东西跨越经度23°47′，其中的云南和广西是苏铁属植物的分布中心之一。其分布地域的气候更是多种多样。有的分布在高温多湿的热带地区，如谭清苏铁；有的分布在亚热带地区，如贵州苏铁；有的分布在干燥炎热的河谷，如攀枝花苏铁；还有的跨越热带及亚热带地区分布，如台湾苏铁等。

苏铁在我国有着非常悠久的栽培历史，早在一千多年前的唐朝便

有了栽培苏铁的记载。因其四季常青、外形刚毅、生长缓慢、寿命很长，深受我国人民的喜爱。在我国许多地方的民众心目中铁树开花是难得一见的奇观，并有用“千年铁树开了花，万年枯藤发了芽”来比喻发生了不同寻常历史事件的说法。所以，一旦出现苏铁开花现象，常常会在各种传播媒体上宣传，吸引人们争相前往参观。实际上，苏铁开花并不少见，只是因其在盆栽条件下没有规律，特别是在长江以北地区种植时，因日照时间和有效积温不够才极少开花罢了。

我国人民喜欢苏铁，常把铁树开花看成是吉祥和幸福的征兆。有的地方还崇拜苏铁，认为苏铁能避邪驱鬼，保佑人们平安、健康。福建沿海部分地区以往有把苏铁栽种在坟墓边作为风水树；也有在人生病时将铁树羽叶插在家门上祈求除病消灾；或送葬归来后用苏铁羽叶插在大门上驱除鬼邪，甚至还有在年轻媳妇分娩后娘家送鸡送蛋以示道贺时，在鸡笼上插两片苏铁羽叶以保佑母子平安健康的风俗；还有，当地的天主教父做礼拜，基督教圣父、圣母做弥撒时，也都用铁树羽叶蘸水（称之为“圣水”），洒在众信徒身上，以洗去邪念，纯洁心灵。虽然这种朴素的信念带有迷信之色彩，但也反映出苏铁在人们心中的崇高地位。而栽培悠久、气势不凡的古铁树，常常被人们奉为神树。比如，在福建省长汀县城南汀江边水吉门的段家祖屋内有一株传家宝，人称“九龙铁”，树冠投影面积 $30m^2$，树干交错盘绕，似九条蛟龙，盘旋起舞，气势磅礴，其非凡气势堪称“神州第一铁”。据段氏家谱记载，“九龙铁”系明朝洪武二十年栽植，至今已有 600 多年，栽前系段氏从江西老家迁来，真正树龄恐更久远。相传，光绪二十八年应头街发生一场大火，殃及水吉门，大火吞噬了数十间房屋。当火势逼近段屋时，只见一长老骑着一匹宝马，手挥宝剑，口中念念有词，不久大火即被扑灭，然后扬鞭而去。事后经查验附近的寺庙并无和尚前来救人，于是人们信奉段家铁树显神救人，并在“九龙铁”前设立祭坛，把“九龙铁”奉为神树，逢年过节，家家户户必备酒

礼，烧香点烛，虔诚朝拜，以求吉祥平安。虽然传说只是一种文化现象，且又多具有迷信色彩，并不可信，但它实实在在地反映了寻常百姓的美好愿望和祈求。此外，苏铁与我国佛教文化还有着千丝万缕的联系，现存古苏铁大多出自于名山古寺。如福州鼓山涌泉寺始建于唐五代梁开平 2 年（公元 908 年），方丈室内栽有 3 株苏铁，一雄二雌。其中一雌株相传为该寺第一代开山祖师神晏法师所植，另一雌株是五代后梁闽王王审知所植，两株树龄已逾千年，为我国现存最古老的两株铁树；而雄株系后人从福州西禅寺移来。这 3 株苏铁高 3.5 ~ 5m，干径约 45 ~ 70cm，主干上各有 20 ~ 25 个分枝，分枝长 50 ~ 200cm，直径 20 ~ 30cm。最为罕见的是这几株苏铁的主干上叶痕已脱落，并又出现块裂状树皮。而建于后梁开平四十年的福建南平寺边也有两株古苏铁，一雌一雄。雌株高 4.5m，干径 50cm，顶端分 4 大枝；雄株高 4m，直径 30cm 多，单干。两株古铁树树干下部叶痕脱落，也出现块状裂树皮，估计年龄已有几百年。还有，广西贺县梵安寺、四川峨眉山伏虎寺和报国寺、福建沙县淘金山华山殿、福建南平溪源庵等许多寺庙也都存有数百年树龄的苏铁树（群）。深圳仙湖植物园著名苏铁专家王定跃先生认为这与苏铁四季常青，羽叶繁茂，可反映寺庙香火旺盛，佛教文化发扬光大有关；同时，苏铁起源古老，暗示着佛教文化的悠久历史源远流长；苏铁长寿，也象征着佛教文化千秋万代永流传。苏铁的这些客观特征正好符合佛教文化的愿望与要求，因而南方各地的名山古寺很早就有栽种苏铁的习惯。而佛教的巨大社会影响力也使得这些古苏铁树历尽人间沧桑，得以完好保存下来，成为各地民众的观赏胜景。

我国人民因深爱苏铁，所以常常把苏铁人格化，赋予其独特的象征意义。苏铁树形优美，树冠倒伞形或棕榈状，给人以富贵博大的气派与庄严肃穆的感觉，象征着高贵与权势，暗喻着神圣、庄严、公正与铁面无私。历史上多见于名山古刹和名门望族的家园中，如今在许

多地方的银行、商场、宾馆、饭店及各种公共场所都可见到其踪影，更有许多地方的公安、武警、法院、海关等政府执法部门在大门两侧对植苏铁，映示着国家法律与主权尊严的神圣与至高无上。

苏铁不仅具有很高的观赏价值，而且具有较高的经济价值，深受广大民众的喜爱。但近几十年来，由于社会经济的迅速发展，人口的急剧膨胀，毁林开荒的现象时有发生，大批热带、亚热带森林被砍伐，苏铁的生长环境遭到了严重的破坏。尤其上世纪 80 年代初期，随着花卉业的兴起，因其奇特的姿态，较高的观赏价值，野生苏铁被大量挖掘倒卖，野生资源日趋枯竭。至今，大部分国产苏铁物种已处于濒危状态，个别物种的野生种群甚至已经灭绝。而长期以来，国内有关部门对苏铁植物的保护与研究一直不很重视，上世纪 80 年代初编写珍稀濒危物种名录时，只有攀枝花苏铁、叉叶苏铁和云南苏铁、台湾苏铁、篦齿苏铁分别被列入国家二级、三级保护植物，直到 1996 年林业部起草珍稀保护植物名录时才将苏铁属所有种类列为一级保护植物，并相继建立了四川省攀枝花市攀枝花苏铁保护区、云南省禄劝县攀枝花苏铁保护区。目前，全国虽有四川省攀枝花市攀枝花苏铁保护区、云南省禄劝县攀枝花苏铁保护区、台湾省台东县台东苏铁自然保护区以及厦门园林植物园、深圳仙湖植物园、广东华南植物园等 10 多个单位开展苏铁植物保护的各项工作，但是由于缺乏资金、人才和管理，至今尚未能有效地制止人们对苏铁植物资源的破坏。

2 形态特征与生态习性

2.1 形态特征

苏铁植物种类繁多，形态多样。但均为常绿木本植物，有根、茎、叶、花和种子5个部分。

2.1.1 根

苏铁植物的根为直根系，具粗壮的主根和各级分歧的侧根。侧根的初生结构包括表皮层、皮层和中柱。表皮层仅有一层表皮细胞，细胞横切面通常为椭圆形或不规则，略切向延长，具增厚并略木质化的圆拱形外切向壁。皮层细胞层数少，一般仅有7～15层薄壁细胞，横切面细胞近圆形、椭圆形或不规则，细胞内含物少，胞间隙小或无。横切面内皮层的细胞形态、大小不规则，排列不整齐，细胞壁薄，其径向和横向垂周壁具木质增厚、有时具分枝的凯氏带。中柱鞘细胞较皮层细胞小，多仅两层，极少有3层，横切面近圆形。近地表的一些侧根受根瘤细菌的侵染，皮层细胞受这些根瘤细菌刺激后，引起细胞分裂，导致根系顶端膨大，水平生长，反复二叉分歧，并形成若干根瘤。这些根瘤虽也是固氮菌家族中的一个类群，但与豆科植物的根瘤不同，苏铁根瘤是肉质的，可使受

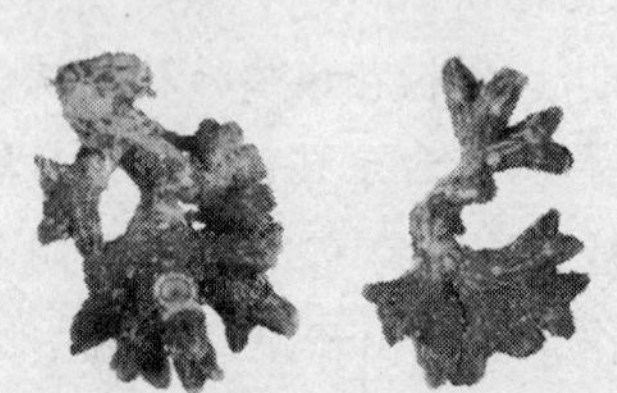

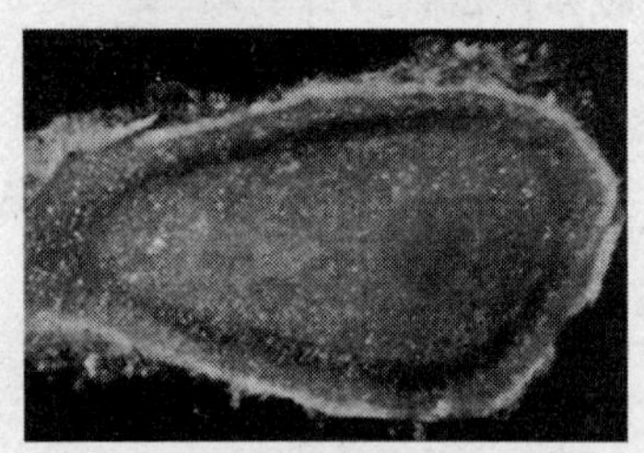

图2-1 苏铁植物的珊瑚根（上）及其显微切片（下）

侵染的侧根连续不断地发生二叉分歧，常常形成一个直径数厘米、具有典型的珊瑚状外形的根丛（丛枝菌根），故又称为珊瑚根（图2-1）。珊瑚根的结构与侧根的初生结构相似，但无次生维管组织产生，具极弱的次生生长，皮层中部具径向延长的细胞带，细胞内具固氮菌，固氮菌聚生成绿色。

2.1.2 茎

苏铁植物生长缓慢，茎干形态因种而异（图 2-2），从乔木到地下茎的各种类型均有。篦齿苏铁、灰干苏铁、苏铁为乔木，主干最高可达 10～15m，基部干径 80～120cm；台湾苏铁、仙湖苏铁、元江苏铁、贵州苏铁、四川苏铁、台东苏铁、谭清苏铁、苏铁等树干高也可达 1～4m；而多歧苏铁、叉叶苏铁、长柄叉叶苏铁、多羽叉叶苏铁、叉孢苏铁、单羽苏铁、巴兰萨苏铁、石山苏铁等种类通常树干不明显，甚至为地下茎，40～60cm 高的主干已非常罕见。苏铁植物的树干多为圆柱形，粗壮，稀分枝，但鳞叶内侧含有隐芽，偶尔由于顶芽的机械损伤而萌发，并在树干上形成吸芽，即蘖芽，俗称球芽。成年植株

图 2-2　苏铁的树干

树干中下部或基部常产生吸芽，吸芽可以长成分枝，分枝长大后基部又会发生新的吸芽，从而形成独特的分枝系统。生长在地下的吸芽可以发根而成为蘖株，吸芽和蘖株均可作为苏铁无性繁殖的材料。不同种类的苏铁之间产生吸芽的能力有所差异，其中苏铁、台湾苏铁、灰干苏铁及刺叶苏铁等较易产生，而石山苏铁、叉叶苏铁及多歧苏铁等则很少见到。苏铁植物的树干外表皮由缩存的叶基、叶痕以及刺状的厚角质鳞叶共同组成。叶基、叶痕及鳞叶各自成环状，着生在茎干上。但树龄较大的植株茎干下部的叶基、鳞叶会发生不同程度的脱落，甚至形成块裂状树皮。

由于苏铁植物的茎干表面多宿存叶基，因此，茎干的横切面轮廓多不规则，但都具有大而显著的皮层和髓部，其间为狭窄的维管组织。皮层外方为表皮层与周皮。表皮层仅有1层细胞，排列紧密，并有几个细胞组成的不规则的突起及二分枝刺毛状，表皮层通常不连续或部分破裂；周皮位于表皮层下方，由木栓层、木栓形成层和栓内层组成；木栓层常由2～5层或更多的细胞组成，细胞横切面长方形，切向延长；木栓形成层细胞仅1层，具细胞核；栓内层细胞较多，通常有5～7层，但细胞大小不等，具细胞核，并有红棕色的内含物。维管组织由众多的维管束组成，排列成环状，维管束通常较小，具韧皮部、木质部和形成层。韧皮部极小，由筛胞与韧皮薄壁组织构成，但无伴胞，筛胞通常由2～4层细胞组成，近圆柱形，纵向延长。韧皮胞壁组织不多，含有单宁、树脂等，无韧皮纤维，故为肉质。当外表皮和韧皮部位受到损伤时，易引起树脂流出，人们常称流胶，其胶透明，干后为白色结晶体。木质部通常较大，由管胞、木薄壁细胞和木纤维细胞组成，无导管。管胞数量多，是木质部的主要组成部分，但管胞长短不一，含有单宁、水分、淀粉等。木质纤维为直丝，纤维之间似结合但又可分裂，白色。木薄壁细胞较少，紧靠管胞纵向排列。木纤维细胞壁则较厚。而形成层多仅有2～3层细胞。苏铁茎髓部较发达，约占茎

横切面的 1 / 3 以上，全为大小不一的薄壁细胞构成，并含有丰富的淀粉。木质部易腐烂，不适合作建筑材料和家具用。

2.1.3 叶

苏铁植物的叶自茎顶端和鳞芽中心一次性长出，呈螺旋状排列。一般 1 年萌发一次（轮）叶，少有在 1 年内不发叶或萌发 2～3 次（轮）叶的，每发一次（轮）叶，其高度或直径都相对增大。苏铁植物的叶有鳞叶及营养叶之分，二者相互成环状着生；鳞叶小，密被褐色毡毛；营养叶大，多为一回羽状深裂，羽片条形或披针形，有很厚的蜡质，少数种类为奇特的连续多次二叉分歧，如叉叶苏铁、多羽叉叶苏铁为 1～3 次二叉分歧，而长柄叉叶苏铁与多歧苏铁则可达 4 次以上，甚至更多（图 2-3）。其中长柄叉叶苏铁的羽叶形态最为特殊，不仅二叉分歧次数多，而且为二回羽状深裂，成年植株还会出现三回羽状深裂。此外，叉叶苏铁类的幼苗是一回羽状深裂，与苏铁、台东苏铁、刺叶苏铁、暹罗苏铁等大多数种类一样，是单叶而且不分叉的，羽叶二叉分歧是其次生性状。

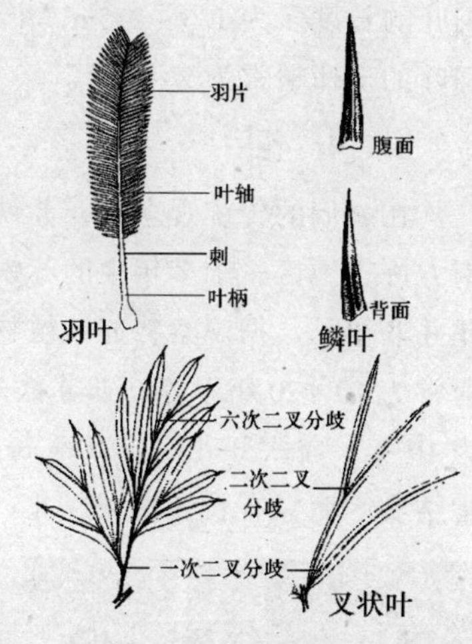

图 2-3　苏铁植物叶形

苏铁植物叶片的内部结构具有典型的裸子植物叶的特点，即叶片的外部形态和内部结构相对比较稳定，不易受环境变化的影响。叶片表面具厚的角质层，表皮细胞壁也较厚，表面具纹孔，细胞为正方形至扁长方形，排列整齐。同时，叶又表现出形态结构的多样性，比保守性很强的根和茎的形态结构式样复杂得多，不同种类间羽叶数量和长度存在明显的差异。大多数苏铁植物的羽叶数为十多枚至数十枚，但叉叶苏铁植物羽叶数通常较少，如叉叶苏铁、多歧苏铁、长柄叉叶

苏铁仅1～3枚，偶尔出现4枚，只有多羽叉叶苏铁可达4～10枚；巴兰萨苏铁、单羽苏铁、谭清苏铁、叉孢苏铁等羽叶通常为4～12枚。羽叶的长度多为1.5～2.5m，个别种类可达3m以上，甚至5m。每轮羽叶的寿命通常为2～3年。

2.1.4 花

在人们的传统观念中，苏铁植物是很难开花的，实际上，在我国南方许多地区，十多年生的苏铁植物，只要气候适宜，管理得当，开花并非罕见。据观察，苏铁植物实生苗的始花年龄在人工栽培条件下通常为10～20年不等，如苏铁为12年，贵州苏铁为10年，单羽苏铁为19年。首次开花后，几乎每隔1年或几年就可以开花1次，并正常结实。而只有长江流域以北、冬季气候寒冷地区，因为气候条件不适宜，特别是日照时间不足，有效积温不够，对苏铁的正常生长发育造成不利的影响，直接影响到苏铁植物的正常开花，或延迟开花时间，或根本就不开花。据观察，苏铁雌雄花通常异熟，雄花开花通常比雌花约早5～7天，大多数苏铁种类花期为每年的春季至夏初，但不同种类、不同地区之间的开花期有较大差异。如苏铁，在云南开花多为在4月中旬至5月中旬，在广东多为5月中旬到6月初，而

图2-4　苏铁植物的雄球花

到了福建则多在6月中旬前后，偶尔也有下半年开花的个体，但多是营养状态不好或气候条件异常所致。我国现有栽培的苏铁属植物中只有篦齿苏铁可跨年度开花，花期为上年11月至翌年2～3月。

苏铁植物雌雄异株，偶尔会出现性转化现象，但极罕见两性同株现象。苏铁雄球花（图2-4）多为圆柱形，单生于树干顶端，直立，但不同种类之间差异很大，如石山苏铁雄球花长约20cm，台湾苏铁雄球花可达70cm，台东苏铁的雄球花为狭纺锤状圆柱形，直径约8cm，而篦齿苏铁为圆柱形，直径可达20cm。小孢子叶（图2-5）扁平鳞状或盾状，螺旋状排列，顶端不育部分大多数种类为长约1～3mm的小尖头，只有篦齿苏铁的小孢子叶不育部分顶端为针状，长8～25mm。小孢子叶下部着生有多数小孢子囊，内有许多孢粉，孢粉的近极面中心区有各种各样的雕纹，不同种类之间差异很大，从穴孔到网状穿孔都有。比起雄球花与小孢子叶，雌球花（图2-6）与大孢子叶的形态种间差异更加显著，是苏铁植物分类的最重要依据之一。雌球花通常为圆球形至扁圆球形，多为紧包型；大孢子叶（图2-5，2-7）扁平，上部羽状分裂或几不分裂，着生于茎干顶部的羽状叶与鳞状叶之间，不育顶片羽状至篦齿状分裂，顶裂片与侧裂片的形态、数目、长度及毛被也存在明显差异；大孢子叶柄的两侧有胚珠2～10枚不等，大多数种类为4～6枚，但谭清苏铁仅有2枚，而多胚苏铁有10～14枚；胚珠通常无

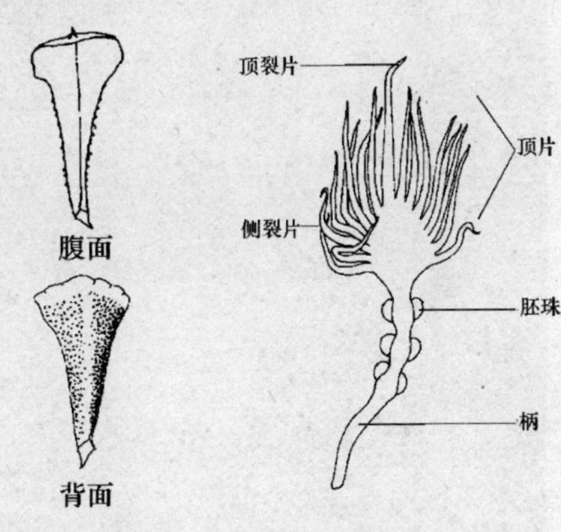

图2-5　小孢子叶（左）与大孢子叶（右）

图 2-6 苏铁植物的雌球花

毛，但滇南苏铁有时被疏毛，苏铁、台东苏铁则密被柔毛，至种子成熟时仍多少宿存。

苏铁开花时，雄球花多为鲜黄色，由中部开始逐渐开张，而雌球花的颜色则因苏铁种类而异，并由大孢子叶被毛颜色所决定。苏铁、叉叶苏铁为淡黄色，石山苏铁、台湾苏铁、仙湖苏铁、多羽叉叶苏铁及贵州苏铁等为绿色，而四川苏铁、仙湖苏铁的大孢子叶外层为绿色，中部为白色至乳白色。苏铁开花时大孢子叶完全开张，

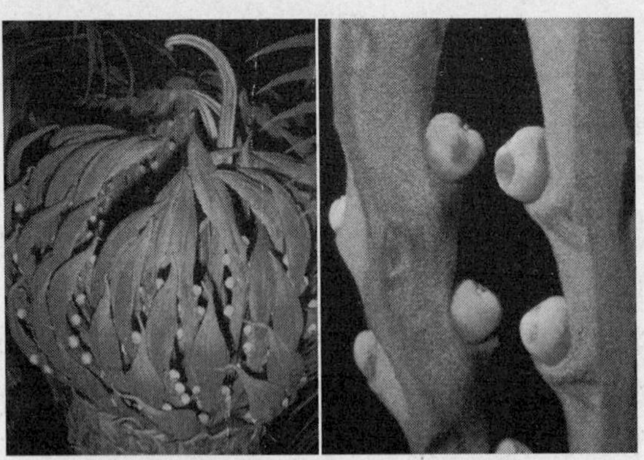

图 2-7 大孢子叶（左）及其发育中的种子（右）

胚珠上出现白色黏液，大部分种类如石山苏铁、仙湖苏铁、贵州苏铁、四川苏铁、叉叶苏铁、元江苏铁、十万大山苏铁等的大孢子叶只稍开张或松动，而台湾苏铁与台东苏铁的大孢子叶仍较紧包。雄株几乎每年开花，雌株则隔年开花，有时因树体强壮或当年结实量少，次年可连续开花，如当年大量结实时会出现间隔2~3年才开花的现象。许多品种雄球花开放时常有强烈香味，类似酿酒发酵时的气味，雌球花香味稍淡些。雄花在茎顶生长发育约20多天后便萎缩凋谢，雌花则可长达5~6个月。

2.1.5 种子

苏铁植物的种子（图2-8）着生于大孢子叶叶柄两侧，无柄，对生。种子核果状，大小、形状与颜色因种类不同而异。石山苏铁的种子最小，长仅1.8~2.5cm，而苏铁、台东苏铁、台湾苏铁等种子长为3~4.5cm，篦齿苏铁则可达6cm。苏铁种子多为球形或卵球形，但台东苏铁为椭圆形。种子具3层种皮，外果皮肉质，中种皮骨质，内种皮膜质，而胚乳则十分丰富；外种皮幼时有黄绿色绒毛，成熟时的苏铁、台东苏铁种子为红色，其他种类通常为黄色至黄褐色，易与中种皮分离。中种皮白色，顶凸尖，自凸起处分别由扁形种子的两侧有3条小纵沟通向下端；表面纹饰种间差异显著，如苏铁、台东苏铁为纵凹脑纹，

图2-8 苏铁植物的种子

叉叶苏铁为凹脑纹，台湾苏铁为凸皱纹。胚乳白色，顶端微凹，微凹处有一小块深棕色膜片。胚乳生食与银杏种仁味相近。

2.2 生态习性

苏铁植物种类繁多，生境各异，包括热带森林、亚热带常绿阔叶林、针叶林及灌丛等多种生境类型以及雨林、石灰山季雨林、季风常绿阔叶林、暖热性针叶林、温性针叶林、热性石灰岩灌丛及干热河谷稀树灌丛等多种（彩页 1）。形成了多喜光照，耐半阴，喜温暖湿润的环境条件，不耐水湿的生长习性，尤其是对温度和湿度要求较高，如不能达到要求，则只能勉强生长，而不能正常开花结籽。

2.2.1 光照

苏铁属植物因其不同的原生环境，形成了不同的喜光类型。有的为喜光的阳生植物，如苏铁、台东苏铁、石山苏铁、篦齿苏铁、攀枝花苏铁、灰干苏铁等，一年四季都可放在光照较强处莳养，这些苏铁植物的羽片通常细窄，但也有一定的耐荫性，尤其是苗期，耐荫性很强；惟新叶抽生期，不宜放在室内或荫庇处，否则叶片易发生徒长，导致观赏价值降低。有的种类则喜欢庇荫的环境，如巴兰萨苏铁、单羽苏铁、叉孢苏铁、叉叶苏铁、多歧苏铁及长柄叉叶苏铁等，这些种类通常羽片宽大，强光环境下羽叶先端易灼焦；也有的种类为中生植物，处于两者之间，如仙湖苏铁、台湾苏铁、贵州苏铁及元江苏铁等，其羽片的形态会随生境的变化而变化。

2.2.2 温度

苏铁植物为温性树种，许多种类还生长于干热河谷地带，形成了耐高温，不耐低温的特性。在我国，苏铁产地的年平均气温为 19～23℃，1 月份平均气温 7～16℃，极端最低气温 –5℃，日平均气温大于 22℃时，才开始萌芽生长，如遇连续 4 天以上低于 –5℃的冰冻或

强大寒流袭击，则易发生冻害。多数种类生长适温为24～27℃，气温低于0℃即易受害，但不同种类之间有差异很大。通常情况下，苏铁、攀枝花苏铁、贵州苏铁、四川苏铁等较耐寒，台湾苏铁、台东苏铁次之，叉叶苏铁、多歧苏铁、石山苏铁等更次之。如攀枝花苏铁能耐40℃以上的高温和－1～－2℃的低温，－5～－10℃条件下羽叶会被冻死，但次年仍能萌发新叶。苏铁夏季可耐30℃以上的高温，冬季在0℃以下就会发生冻害，但也有短期在－4～－5℃下生存的记录，甚至在－10～－12℃条件下羽叶全部受冻枯萎，但植株未死，气温升高之后又会重新抽叶的报道。四川苏铁和贵州苏铁在冬季－4～－5℃的气温下也仅嫩叶先端受冻，夏季即可恢复。但石山苏铁在－4～－5℃条件下就会被冻死，多歧苏铁与多羽叉叶苏铁在－1～－2℃下嫩叶就会受冻。

2.2.3 水分

我国苏铁植物自然分布区的降雨量为760～2000mm，许多种类原生地生长环境十分干旱，但都排水良好，特别是羽片细窄的种类，羽叶表面有一层很厚的蜡质，水分蒸发少，更耐旱，不喜大水，浇水过多或排水不畅，极易发生烂根，甚至死亡，形成了耐旱怕渍的特性。因此，露地栽植苏铁植物时，应选择地势较高、排水通畅的向阳地带，切忌在渍水的地方种植。

2.2.4 土壤

苏铁属植物分布区多为海拔1000～1600m，土壤较瘠薄的石灰质、火山质及红砖质砖红壤、红壤或山地黄红壤地带，土壤pH值5.0～6.5。许多种类非常耐瘠薄，如攀枝花苏铁、石山苏铁、贵州苏铁、灰干苏铁等，但在土质疏松，水气畅通的湿润环境下生长更好。

2.2.5 营养

苏铁植物是现存种子植物中最原始的种类，适应性强，喜欢铁质

肥料，民间常以废烂铁屑堆置盆口，上覆薄土，铁质渗入盆中，被苏铁根系吸收后，则枝叶将更加翠绿。苏铁虽耐瘠薄的土壤环境，但在疏松肥沃的土壤中生长更好，表层侧根末端还常会形成珊瑚状菌根，具固氮作用。但苏铁根瘤中共生的不是根瘤菌，而是几种蓝绿藻，其种类因苏铁品种不同而不同。蓝绿藻细胞具有叶绿素，能进行光合作用制造有机物供自身需要。但一旦侵入苏铁的根部后，它们便失去了自养能力，依靠苏铁为它们提供生活必需的营养，完全变成了一种异养生物，开始专职的固氮工作。

3 常见苏铁植物简介

据不完全统计，全世界已知的苏铁属约50种，分为攀枝花苏铁亚属和拳叶苏铁亚属共5组(表3.1)。我国至少有25种，主要分布于福建、广东、广西、海南、台湾、云南、四川、贵州、湖南等9省（自治区)，其中的云南和广西是苏铁属植物的分布中心之一。而在近缘物种中，我国近年陆续引进了鳞秕泽米、美洲苏铁、费切尔苏铁、雷曼氏苏铁、双子铁、波温铁、托叶铁等多种，其中鳞秕泽米、美洲苏铁、费切尔泽米(彩页12)、双子铁表现好，鳞秕泽米、美洲苏铁更是深受消费者欢迎。

表3.1　苏铁属植物的系统分类（Hill，1993，1994)

亚属	组	系	代表种
攀枝花苏铁亚属	攀枝花苏铁组	多歧苏铁系	多歧苏铁 *Cycas multipinnata*
		叉叶苏铁系	叉叶苏铁 *Cycas micholitzii* 多羽叉叶苏铁 *Cycas multifrondis* 长柄叉叶苏铁 *Cycas longipetiolula*
		攀枝花苏铁系	攀枝花苏铁 *Cycas panzhihuaensis*
		苏铁系	苏铁 *Cycas revoluta* 台东苏铁 *Cycas taitungensis*
			台湾苏铁 *Cycas taiwaniana* 仙湖苏铁 *Cycas fairylaken*
	暹罗苏铁组		暹罗苏铁 *Cycas siamensis* 篦齿苏铁 *Cycas pectinata* 灰干苏铁 *Cycas hongheensis*
拳叶苏铁亚属	拳叶苏铁组		拳叶苏铁 *Cycas circinalis* 贝德姆苏铁 *Cycas beddomei*
	奥苏铁组		奥苏铁 *Cycas media*
	刺叶苏铁组		刺叶苏铁 *Cacys rumphii* 爪哇苏铁 *Cycas javana*

3.1 苏铁

苏铁（*Cycas revoluta*）又称福建苏铁、避火蕉、凤尾蕉、凤尾松、番蕉、千岁仔等，为苏铁科苏铁属植物。主要分布于我国福建东部沿海地区以及日本国西南部诸岛的沿海山坡林中。现全国大部分省、自治区均有栽培，世界各国也多有引种。

苏铁（彩页 2）为常绿、棕榈状乔木，树干圆柱形，粗壮少分技，高约 2m，稀可达 8m 或更高，密被茎顶绒毛，叶痕宿存，呈螺旋状排列；鳞叶三角状披针形，长 9 ~ 13cm，宽 0.9 ~ 2.5cm，先端刺尖，背面密被棕色绒毛；大型羽状复叶，簇生于茎顶，羽叶长 75 ~ 200cm，叶柄长 5 ~ 14cm，具刺 3 ~ 10 对，刺长 0.1 ~ 0.3cm，刺距 0.8 ~ 1.2cm，羽片 119 ~ 140 对，条形，厚革质，坚硬，长 8 ~ 22cm，宽 0.4 ~ 0.6cm，向上斜展成“V”字形，边缘显著向下反卷，上部微渐尖，先端有刺状尖头，基部两侧不对称，上面深绿色，有光泽，中脉平或微隆起，下面浅绿色，中脉显著隆起，两侧有柔毛或无毛。花单性，雌雄异株。雄球花圆柱形，长 30 ~ 70cm，直径 8 ~ 18cm，有短梗，小孢子窄楔形，多数螺旋状着生于中轴周围，长 3.5 ~ 6cm，顶端宽平，两角近圆形，宽 1.2 ~ 2.5cm，有 0.3 ~ 0.5cm 长的短尖头，下面中肋及顶端密生黄褐色或灰黄色长绒毛；雌花序半球形，大孢子叶（图 3-1）密生淡黄色宿存绒毛，顶片卵形、宽卵形或掌状卵形，边缘篦齿状深裂，长 8 ~ 12cm，宽 5 ~ 9.5cm，每侧具 12 ~ 17 条侧裂片，裂片条状钻形，长

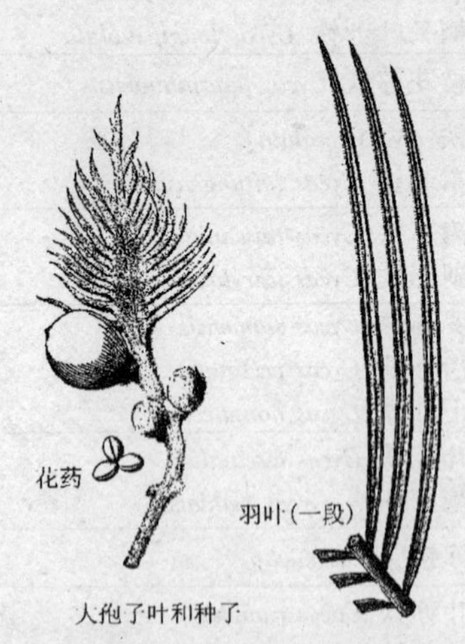

图 3-1 苏铁

2.5～6cm，先端有刺状尖头，顶裂片条状披针形，长 3～5cm，具 1～2 对短裂片，大孢子叶柄长 8～16cm，直径 0.7～1cm，上端两侧着生胚珠（2）4～6 枚，胚珠扁球形，被绒毛，直径约 0.5cm；种子成熟时红褐色或橘红色，倒卵圆形至卵圆形，长 2～4cm，直径 1.5～3cm，密生灰黄色短绒毛，后渐脱落，表面有不规则的皱纹，中种皮具两条棱脊，顶端有尖头。花期 5～8 月，种子 10～12 月成熟。

近缘物种中有台东苏铁与之形态相近，但苏铁羽叶较短，羽片成“V”字形开展，边缘反卷，大孢子顶片卵形，宽卵形或掌状卵形，种子倒卵圆形至卵圆形，长 2～4cm；而台东苏铁羽叶较长，羽片大致平展，边缘平而不反卷，种子较大，椭圆形，长 4～4.5cm，大孢子叶顶片阔卵形至圆形。

3.2 四川苏铁

四川苏铁(*Cycas szechuanensis*)俗称凤尾铁。四川省峨眉山、乐山、雅安等地以及福建省的沿海地区等地均有栽培，为我国特有种之一(彩页 3)。

树干圆柱形，直或弯曲，高可达 2～5m，叶痕宿存，老树干鳞叶痕成环状，无茎顶绒毛；鳞叶被针形，长 5.5～10.5cm，宽 1.6～2.5cm，密被黄褐色绒毛；羽叶长 1～3m，叶柄长 46～64cm，疏被短柔毛，两侧具 35～39 对短刺，刺长 0.2～0.4cm，间距 1.5～2.5cm，羽片 97～120 对，条形或披针状条形，微弯曲，厚革质，先端渐尖，并有刺状尖头，基部不对称，下侧较宽，下延生长，边缘平，有时波状，中脉两面隆起，上面深绿色，有光泽，下面绿色，中部羽片长 18～40cm，宽（0.8）

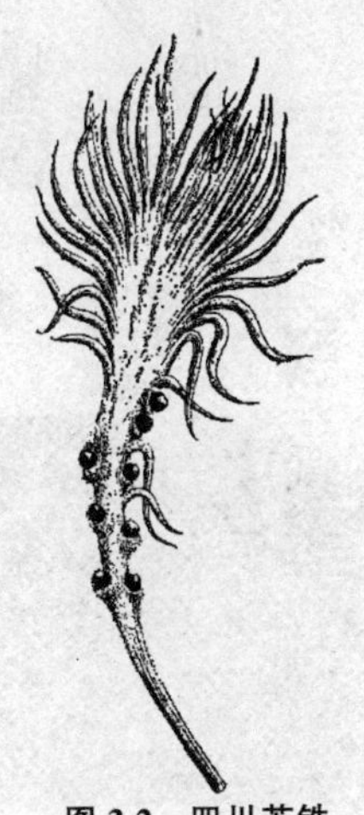

图 3-2　四川苏铁

（大孢子叶与胚珠）

1.2～1.4（1.8）cm。雌雄异株，但目前在全国还未见雄株。雌花半球形，大孢子叶（图3-2）密被黄褐色绒毛，后逐渐脱落，顶片卵形或长卵形，长6～11cm，宽4.5～9cm，先端圆形，边缘篦齿状深裂，具10～23对侧裂片，裂片钻形，长2～6cm，粗约0.3cm，中下部或先端有时分叉，顶裂片不明显，与侧裂片不易区分，柄长10～12cm，胚珠（5）6～8（10）枚，胚珠扁球形，直径约0.4cm，无毛。种子未见有记录，但据深圳仙湖植物园王定跃等从四川苏铁与苏铁的杂交第一代种子推测，四川苏铁的种子应是圆球形，直径约3～3.5cm，成熟时黄色至黄褐色。

四川苏铁与仙湖苏铁、台湾苏铁近缘，但前者叶形宽长，胚珠无毛，大孢子叶顶片圆形，顶裂片与侧裂片几乎无法区分，胚珠较多；而后两者顶裂片明显比侧裂片宽大。

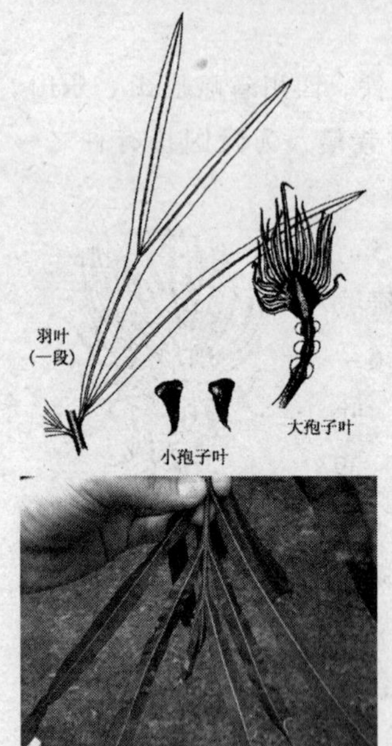

图3-3　叉叶苏铁

3.3　叉叶苏铁

叉叶苏铁（*Cycas micholitzii*）又称龙口苏铁、叉叶凤尾草，虾爪铁等。主要分布于我国广西西南部及越南河内的低海拔季雨林下，多为零星分布，现全国许多地区有栽培。

叉叶苏铁（彩页4）树干圆柱形，高20～60cm，径4～5cm，基部粗10～12cm，暗赤色，光滑，无茎顶绒毛；鳞叶三角形，长3.5～5cm，宽2～4cm，背面密被灰褐色绒毛；羽叶长1.5～3.5m，甚至可达5m，叶柄长0.6～1.6cm，基部被柔毛，两侧具12～30对刺，刺长0.3～0.5cm，羽片22～41对，间距约2～

4cm，1～2（3）次二叉分歧（图 3-3），小羽片边缘平，有时波状，长 20～41cm，宽 1.2～2.5（3.2）cm，深绿色，有光泽，先端渐尖，基部不对称，下侧明显下延，中脉两面隆起，薄革质至坚纸质，小叶柄长 0.2～0.7cm，或因羽片下延而不明显。雄球花圆柱形，长 15～42cm，径约 4～5.5cm，梗长 3cm，粗 1.5cm，小孢子叶近匙形或宽楔形（图 3-3），光滑，黄色，边缘橘黄色，长 1～1.8cm，宽 0.8cm，顶部不育部分长约 0.8cm，有绒毛，圆或有 0.1～0.5cm 长的短尖头，花药 3～4 个聚生；大孢子叶（图 3-3）长 10～12cm，基部柄状，橘黄色，密被锈色绒毛，后渐脱落，顶片卵圆形至菱状倒卵形，长 5～9cm，宽 4.5～7cm，边缘篦齿状深裂，每侧具 7～11 条裂片，裂片钻形，无毛，长 1.5～5cm，顶裂片钻形至条状披针形，长 4～7cm，宽 0.4～0.8cm，有时有 1～2 条细裂片，大孢子叶柄长 5～11.5cm，胚珠（1）4～6 枚，着生于大孢子叶柄的上部两侧，扁球形，直径 0.4cm，无毛，先端有小尖头；种子近球形，长 2.6～3.1cm，直径 2.3～2.8cm，成熟后变黄色，无毛。

叉叶苏铁与多羽叉叶苏铁形态相近，但前者羽叶仅 1～4 片，小叶柄长 0.2～0.7cm，胚珠 2～4（6）枚，大孢子叶侧裂片稍粗壮；后者羽叶 4～10 片，小叶柄长 0.5～3.5cm，胚珠 6～8 枚，大孢子叶侧裂片纤细。

3.4 篦齿苏铁

篦齿苏铁（*Cycas pectinata*）又称梳苏铁、蓖齿苏铁等。产于云南西南部的景洪市、思茅市及勐腊县等地海拔 800～1300m 的次生林灌丛或竹林中，呈散生、小片状或片状分布；印度、尼泊尔、缅甸、锡金、老挝、泰国、孟加拉国、柬埔寨等国也有分布。

篦齿苏铁(彩页 3)树干圆柱形,高约 3m,最高可达 15m,直径约 70cm,上部常二叉分歧，树干极为美丽，浅灰色，叶痕脱落，树皮光滑,但茎顶端有宿存的叶痕,无茎顶绒毛;羽叶长 1～1.5m,叶柄长 15～30(45)cm,两侧有 28～31 刺,刺长 0.1～0.2cm,间距 0.5～1cm,羽片

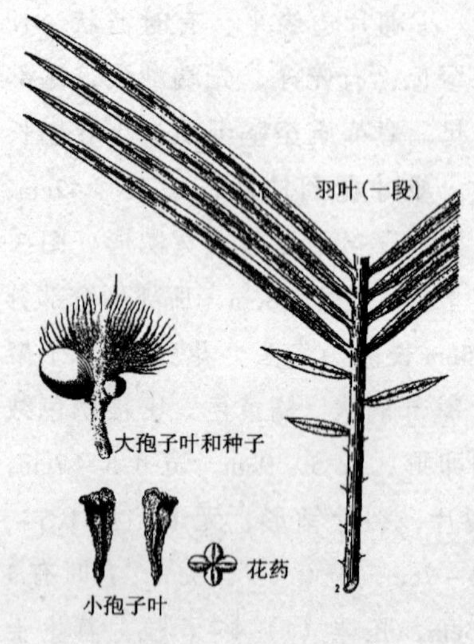

图 3-4 篦齿苏铁

80~138 对，条形或条状披针形，厚革质，坚硬，直或微弯，边缘稍反曲，先端渐尖，基部两侧不对称，下延生长，上面深绿色，中脉上面平，下面隆起，下面绿色，有疏生柔毛或无毛，中部羽片长 13.5~25cm，宽 0.6~0.9cm，雄球花长圆锥状圆柱形，长 30~40cm，径 10~15cm，有短梗，小孢子叶楔形（图 3-4），长 3.5~5cm，宽 1.8~2. 2cm，顶部三角状斜方形，密生褐黄色绒毛，先端具钻形长尖头，长 0.8~3cm，大孢子叶（图 3-4）密被褐黄色至锈色宿存绒毛，顶片卵圆形至三角状卵形，长 8~10cm，宽 8~11cm，两侧有 14~24 对侧裂片，裂片长 1.5~4.5cm，顶裂片较大，条状披针形，长 4~7cm，宽 0.4~0.8cm，有时有 1~2 对短裂片，胚珠（1）2~4（6）枚，卵圆形或近圆球形，无毛；种子卵圆形或椭圆状倒卵圆形，长 4.5~5（6）cm，径 4~7cm，成熟时黄褐色或红褐色，外种皮具海绵状纤维层，不易与中种皮分离。花期 11 月至次年 3 月，种子 9~10 月成熟。

篦齿苏铁与灰干苏铁、越南篦齿苏铁外形相近。篦齿苏铁羽叶开展，边缘平，鳞叶稍软，羽叶条形或条状披针形，边缘稍反曲，上面深绿色，下面绿色，大孢子叶密被褐黄色至锈色宿存绒毛，顶片卵圆形至三角状卵形；灰干苏铁羽叶常成“V”字形，边缘稍反卷，鳞叶常密集，坚硬；而越南篦齿苏铁羽片平展或略上翘，羽片上面中脉与叶面同色，叶柄下部密被灰色短柔毛，大孢子叶顶片之侧裂片比顶裂片长而加以区别。

3.5 台湾苏铁

台湾苏铁（*Cycas taiwaniana*）主要分布于海南的琼山、陵水、琼中、保亭、万宁、昌江、白沙、乐东、东方、三亚、屯昌、文昌、通什、儋州、澄海等市县，生长在低海拔山坡灌丛，松林或热带雨林中，呈星散或小片状分布。深圳、广州及厦门等地也有栽培。为我国特有树种之一。

台湾苏铁（彩页6）树干圆柱形，高达3.5m，直径可达40cm，叶痕宿存，后期脱落，无茎顶绒毛；鳞叶披针形，长7～13cm，宽1.5～1.8cm；羽叶长1.5～3m，叶柄长25～150cm，刺26～45对，刺长0.1～0.3cm，间距1.2～2.5cm；羽片76～144对，条形，薄革质，平展，直或微弯，上部渐尖，有长尖头，基部不对称，下侧下延生长，边缘平或有时波状，中脉两面隆起或微隆起，无毛，中部羽片长17～40cm，宽0.6～1.6cm。雄球花近圆柱形至长椭圆形，长49～70cm，直径9～13cm，梗长约5cm，小孢子叶近楔形，长2～5cm，宽1～2cm，顶端近截形，有刺状小尖头，有时两侧有1～2对细齿，下面及顶部密生暗黄色或锈色绒毛；大孢子叶（图3-5）密生黄褐色或锈色绒毛，成熟后脱落，长17～25cm，柄长10～15cm，顶片菱形、宽卵圆形至卵状椭圆形，长6～15.5cm，宽6～16cm，边缘篦齿状至羽状分裂，每侧有（5）11～23枚侧裂片，裂片钻形，长（0.5）1.5～5cm，有刺尖头，顶裂片钻形，比侧裂片稍大，或披针形、三角形、椭圆状卵形，长2～5cm，宽0.3～3.2cm，具锯齿或钻形分裂，胚珠4～6

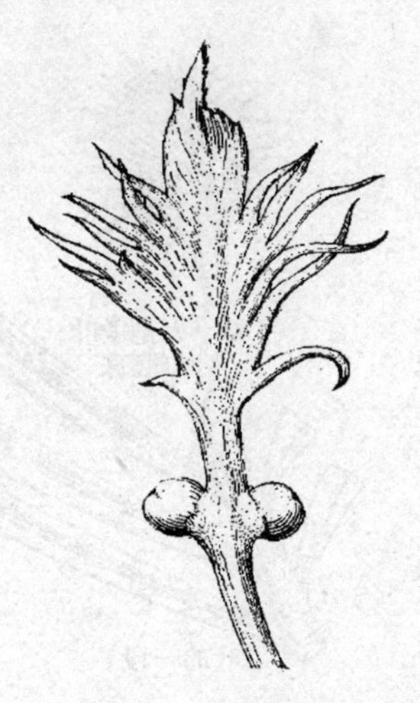

图3-5 台湾苏铁

枚，宽倒卵圆形或圆球形，先端常凹，无毛；种子球形至倒卵状球形，熟时红褐色，长 3～4.5cm，直径 2.5～3.5cm，中种皮具疣状突起，两侧常具（1）2～3（4）条明显的棱脊，向上逐渐消失。花期 4～5月，种子 11～12 月成熟。

台湾苏铁与仙湖苏铁、四川苏铁形态相近，但台湾铁幼叶灰绿色，大孢子叶球紧包，大孢子叶顶裂片通常宽大，三角形；而仙湖苏铁幼叶锈色，大孢子叶球开花时稍松，大孢子叶顶裂片钻形至条形；四川苏铁大孢子叶顶端圆形，顶裂片与侧裂片区别不明显。

3.6 台东苏铁

台东苏铁（*Cycas taitungensis*）又称榴铁鸥。主要分布于台湾省台东县的红叶溪上游及海岸山脉海拔 300～950m 悬崖或丛林中，广东省深圳市、中山市、广州市等地有栽培，为我国特有种之一。

台东苏铁（彩页 7）树干圆柱形，单干，稀分枝，高达 2.5m，稀达 5m，干径可达 45cm，叶痕宿存，密被茎顶绒毛；鳞叶三角状披针形，长 6～12cm，宽 2～2.5cm，顶端刺尖，密生淡棕色绒毛；羽叶长 80～200cm，平展，深绿色，叶柄长 10～25cm，幼时被稀疏柔毛，具 10～25 对短刺，刺长 0.2～0.3cm，间距 1～1.5cm；羽片 100～200 对，条形，革质，边缘平，不反卷，先端渐尖，顶有小尖头，中脉在上面平或微隆起，在下面隆起，中部羽片长（10）15～22cm，宽 0.4～0.8cm。雄球花长 30～50（60）cm，直径 8.5～10cm，狭圆柱形至狭卵形，直立，

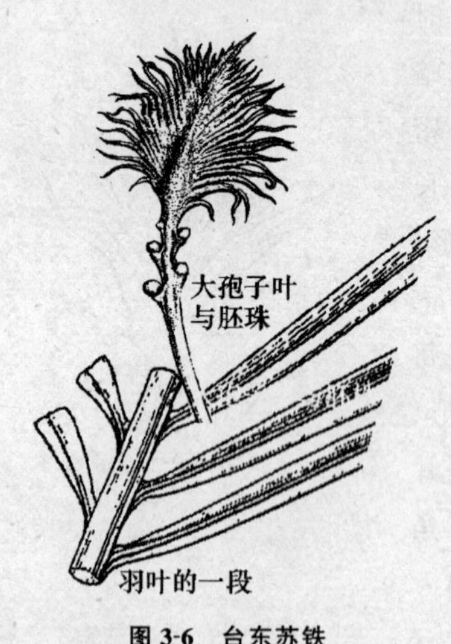

图 3-6 台东苏铁

黄褐色，小孢子叶长2.5～4.5cm，宽1.1～1.8cm，有小尖头，外被棕色绒毛；大孢子叶（图3-6）长10～28cm，密被褐色绒毛，顶片长9～14cm，宽7～11cm，宽卵形，篦齿状分裂，两侧各备具钻形裂片13～20枚，裂片长2～5cm，宽0.2～0.3cm，大孢子叶柄部长7～15cm，着生（2）4～6枚胚珠，胚珠密被棕色绒毛；种子椭圆形至扁阔状椭圆形，成熟时深红色或橘红色，干后变紫红色或黑色，密被或疏被棕色绒毛，长3.8～4.5cm，宽2～3cm。

台东苏铁与苏铁形态相似，但羽叶平展，羽片边缘平，两面中脉隆起。大孢子叶密生黄褐色绒毛。成熟后逐渐脱落，下部柄状。种子倒卵形至长椭圆形，红紫色。

3.7 攀枝花苏铁

攀枝花苏铁（*Cycas panzhihuaensis*）又称把关河苏铁。分布在四川省攀枝花市、宁南县、德昌县、盐源县及云南省禄劝县、元谋县和华坪县等地，亦即长江上游的金沙江流域及其支流海拔1100～1700m的干旱河谷稀树灌丛石灰岩山坡，成群落分布，为我国特有种之一。

攀枝花苏铁（图3-7）（彩页7）树干圆柱形，高可达2.6m，径可达45cm，叶痕宿存，密被红棕色茎顶绒毛；鳞叶披针形，长4～6cm，基部宽0.8～1.5cm，羽叶长65～150cm，叶柄长14～20cm，两侧具3～17对短刺，刺长0.1～0.3cm，间距1～1.8cm，羽片70～105对，条形，直或微弯曲，厚革质，长8～23cm，宽0.4～0.7cm，

图3-7 攀枝花苏铁

边缘平或微反卷，先端渐尖，基部楔形，两侧不对称，背面无毛，中脉上面平或微隆起，下面隆起。雄球花纺锤状圆柱形或长椭圆状圆柱形，常微弯，长 25～50cm，直径 8～11cm，梗长 4～6cm，密被锈褐色绒毛，黄色，小孢子叶长 4～6cm，宽 1.8～2.8cm，顶部两侧圆形或三角状，先端有长 0.3～0.5cm 的短尖头，背面密被锈褐色绒毛。大孢子叶密被黄褐色至锈褐色绒毛，干后表皮呈薄纸质，易分离或开裂；顶片宽菱形或菱状卵形，长 6～15cm，宽 5～8cm，篦齿状分裂，每侧有 13～18 条钻形裂片，裂片长 1～4cm，大孢子叶柄部长 5～7.5cm，着生（1）4～5（6）枚胚珠，胚珠近四方形，光滑无毛，橘黄色，顶端有短尖头；种子近球形或倒卵状球形，微扁，橘红色至橘黄色，直径约 2.5cm，成熟时假种皮外层薄纸质，易碎易剥离。花期 4～5 月，种子 9～10 月成熟。

攀枝花苏铁与苏铁、台东苏铁形态相近，树干均宿存叶痕，干顶密被绒毛，但攀枝花苏铁羽片边缘不反卷，羽片不成“V”字形开展，胚珠与种子无毛，种子成熟时橘黄色至橘红色大孢子叶及种子表层薄纸质，易剥离易破碎；苏铁羽片成“V”字形开展，边缘反卷，胚珠与种子有毛，种子成熟时红色，大孢子叶及种子表层不产生易剥离或破碎的纸质薄层；而台东苏铁胚珠、种子具毛，而无易剥离破碎的纸质表层，种子较大，椭圆形，长（3.5）4～4.5cm。

3.8 元江苏铁

元江苏铁（*Cycas parvulus*）分布于云南省元江流域的元江县、红河县、石屏县及建水县等地的山谷阔叶林下或山坡灌丛中，为我国特有种之一。

元江苏铁（彩页 5）树干圆柱形，有时达 1.5m，径 15～30cm，叶痕宿存，无茎顶绒毛；鳞叶三角形，长 4～11cm，基部宽 1.3～1.5cm，背面密被棕色绒毛；羽叶长 65～180cm，叶柄长 18～70cm，

具5～48对刺，刺长0.2～0.4cm，间距1.1～3.5cm，羽片53～149对，平展，中部羽片长14～28（35）cm，宽0.6～1.2（1.9）cm，边缘平或微波状，深绿色，薄革质，顶端有尖头，中脉两面隆起；小孢子叶球圆柱形，长43cm，直径10cm，小孢子叶楔形，长1.5～2cm，不育部分盾状，宽0.8～1cm，密被短柔毛，顶端具长0.1～0.3cm的小尖头，两侧有3～4枚细齿；大孢子叶（图3-8）长9～12cm，密被脱落性棕色绒毛，顶片卵圆形，篦齿状深裂，长5～8cm，宽5～7cm，两侧具14～18对裂片，裂片长2～3.5cm，宽0.1～0.2cm，先端有时二叉，顶裂片披针形，边缘具细齿，大孢子叶柄部长5～9.5cm，胚珠2～4枚，扁球形，直径约0.4cm，无毛；种子成熟时黄色，卵球形，长2.5～3.2cm，直径2.3～3cm，中种皮具疣状突起。

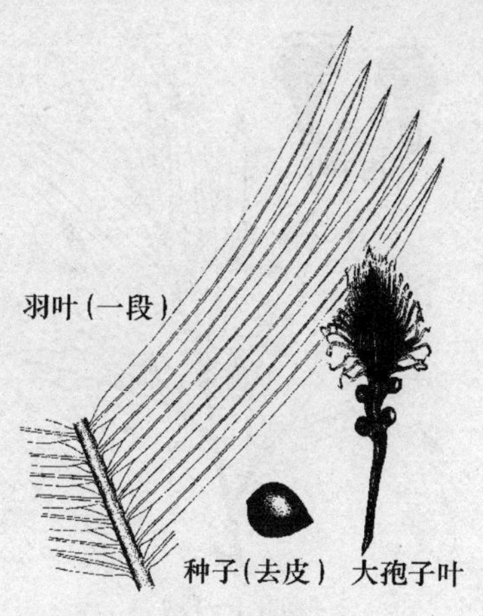

图3-8　元江苏铁

元江苏铁与贵州苏铁形态相近，但幼叶具黄褐色长柔毛，羽片通常薄革质，叶柄痕粗大，中种皮具明显疣状突起。

3.9　多歧苏铁

多歧苏铁（*Cycas multipinnata*）又称独把铁、独脚铁、龙爪铁。主要分布于云南省元江流域海拔500～1000m的石灰岩山地半阴坡季雨林下，呈零散分布，为我国特有种之一。

多歧苏铁（彩页7）树干高20～40cm，直径10～20cm，褐灰色，叶痕宿存，无茎顶绒毛；鳞叶长8～10cm，宽2.5～3.5cm，羽叶1片，稀3片，长达（1.95）3～4.85m，宽70～150cm，三回羽状深裂（图3-9），一

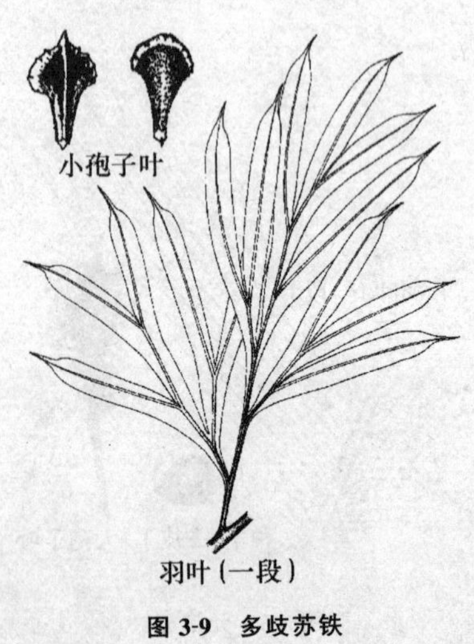

图 3-9 多歧苏铁

回羽片 6 ~ 11 对，近对生，披针形，下部一对最长，长 85 ~ 105cm，宽 40 ~ 60cm，向上逐渐变短；二回羽片 6 ~ 11 枚，5 ~ 7 枚二叉分歧互生，倒卵形至椭圆形，长 20 ~ 35cm，宽 10 ~ 18cm，间距 6 ~ 20cm，具 1 ~ 2.5cm 的小叶柄；三回羽片（2）3 ~ 5 次二叉分歧，下侧具 2 ~ 3 片，每片具 1 ~ 2 枚小叶，顶羽片 2 ~ 3 次二叉分歧；小羽片薄革质至革质，倒卵状矩形至矩圆状条形，长 7 ~ 22cm，宽 1 ~ 2.4cm，先端渐尖至尾状渐尖，尾部长约 2cm，上面具光泽，深绿色，下面淡绿色，中脉两面稍隆起，下面后期无毛，边缘平或微波状，基部渐狭，下侧明显下延；叶柄长 0.9 ~ 2.7m，中部直径 2 ~ 3cm，基部直径 3 ~ 4.5cm，刺 31 ~ 76 对，圆锥状，微扁，长 0.3 ~ 0.5cm，刺间距 1.5 ~ 5cm。小孢子叶球圆柱形，先端圆截形，黄色，长 35cm，直径 8cm，基部柄长 3.5cm，直径 2.5cm，小孢子叶倒卵形，顶部不育部分腹面半圆形，长 2.5cm，最宽处达 0.5 ~ 0.6cm，具 2 ~ 6 枚小裂齿，近中部粗大，向两侧渐小，具黄褐色短柔毛，后渐脱落。大孢子叶顶片卵形，边缘篦齿状分裂，两侧约具 15 对钻形裂片，裂片长 2 ~ 3.5cm，胚珠 6 ~ 8 枚，种子近球形，径约 3cm。

多歧苏铁与长柄叉叶苏铁近似，但为三回羽状深裂，一回羽叶 6 ~ 11对，二回羽叶 7 ~ 11 枚，5 ~ 7 次二叉分歧；后者二回羽状深裂，一回羽叶 21 ~ 25 对，二回羽叶仅 3 枚，3 ~ 5 次二叉分歧。

3.10 叉孢苏铁

图 3-10 叉孢苏铁

叉孢苏铁（*Cycas segmentifida*）分布于贵州省册亨县、望谟具、广西壮族自治区西林县、乐业县和云南省富宁县等处的低海拔阔叶林下荫处。

叉孢苏铁（图 3-10）（彩页 3）树干圆柱形，高达 50cm，直径达 50cm，叶痕宿存；鳞叶三角状披针形，长 7 ~ 9cm，宽 1.5 ~ 5cm，羽叶长 2.6 ~ 3.3m，具 55 ~ 96 对羽片，叶柄长 78 ~ 140cm，两侧具长达 0.4cm 的刺，刺 33 ~ 55 对；羽片长 21 ~ 40cm，宽（1.1）1.4 ~ 1.7cm，无毛，先端渐尖，基部宽楔形，边缘平，中脉两面隆起，叶表面深绿色，发亮，下面浅绿色。雄球花狭圆柱形，黄色，长 30 ~ 60cm，直径 5 ~ 12cm，小孢子叶楔形，长 1 ~ 2.5cm，顶端有长 0.2 ~ 0.3cm 的小尖头；大孢子叶不育顶片卵圆形，被脱落性棕色绒毛，长 5 ~ 13cm，宽 5 ~ 15cm，边缘篦齿状深裂，两侧具 8 ~ 19 对侧裂片，裂片钻形，裂片长 1.5 ~ 7cm，纤细，渐尖，先端芒状，通常二叉或二裂，有时重复分叉，顶裂片钻形至菱状披针形，长 2 ~ 12.5cm，宽不足 0.2cm，有 14 枚浅裂片，大孢子叶柄部长 6 ~ 9（18）cm，具黄褐色绒毛，胚珠（2）4 ~ 6 枚，无毛，扁球形，长 0.5cm，宽 0.6cm，顶端具小尖头；种子球形，直径 2.8 ~ 3.5cm，成熟时黄色至黄褐色，花期 5 ~ 6 月，种子 11 ~ 12 月成熟。

叉孢苏铁与贵州苏铁、十万大山苏铁、单羽苏铁外形相近。叉孢苏铁羽叶、羽片、叶柄远比贵州苏铁长，叶柄与叶轴幼时有棕色长柔

毛，后迅速脱落成光滑无毛，一年生叶柄常被有白粉，羽片平展，大孢子叶上部顶片之侧裂片常二叉或二裂，纤细，先端芒状；生长在密林下或蔽荫环境；贵州苏铁羽叶、羽片、叶柄均较短，叶柄与叶轴幼时有短柔毛，后渐大多脱落，宿存成污状，无白粉，大孢子叶之侧裂片粗壮，常不分叉，生长在山坡林中或林下；十万大山苏铁的叶柄与叶轴有宿存的污毛，无白粉，羽片边缘波状，大孢子叶较小，侧裂片数目较少而不同；而单羽苏铁亦无白粉，羽叶干后变黑褐色。

3.11 贵州苏铁

贵州苏铁（*Cycas guizhouensis*）又称南盘江苏铁、兴义苏铁、仙鹤抱蛋、小槿棕、山菠萝、铁树、云南苏铁、地菠萝、凤尾铁。主要分布在贵州与云南交界的兴义至弥勒一带南盘江两岸地段的贵州省兴义市、安龙县，广西壮族自治区隆林县，云南省师宗县、罗平县、丘北县、开远市、蒙自县等地海拔 400～800m 的河谷地带灌丛及林下，呈散生或小团状分布，为我国特有种之一。

贵州苏铁（彩页 6）树干鼓节形或圆柱形，高达 2m，叶痕宿存；鳞叶长三角形，长 2～5cm，基部宽 1.2～2cm；羽叶长 50～160cm，叶柄长 30～50cm，两侧具 5～17 对直伸短刺，刺长达 0.2～0.4cm，间距 0.5～2.5cm，羽片 47～82 对，羽片条形或条状披针形，微弯曲或直伸，厚革质，长 8～18（30）cm，宽 0.4～1.2cm，无毛，基部两侧不对称，先端渐尖，边缘平或稍反曲，表面深绿色，下面淡绿色，中脉两面隆起。雄球花纺锤形或椭圆状圆柱形，长 20～53cm，径 4～11cm，黄色，小孢子叶鳞片状或盾状，顶端反折，狭楔形，长 1.5～4cm，宽 0.7～1.7cm，顶端不育部分三角状圆形，长 0.3～0.5cm，密被棕色柔毛，具长 0.1～0.3cm 的小尖头；大孢子叶密生黄褐色绒毛或锈褐色绒毛，长 14～20cm，顶片近圆形至卵状椭圆形，长 4.5～10cm，宽 5～8cm，边缘篦齿状至羽状深裂，两侧具钻形裂片 7～23

对，裂片长0.2~0.5cm，宽0.1~0.4cm，先端渐尖，有时分叉，两面无毛；顶生裂片，比侧裂片稍大，或披针形、菱状三角形，长3~5cm，宽1.1~1.7cm，上部有3~5个浅裂片；大孢子叶柄长3~9cm，胚珠（2）4~6（9）枚，无毛，球形或近球形，稍扁，金黄色，径约0.4cm，顶端红褐色，具短尖头；种子近球形，成熟时黄色，后转褐色，直径1.8~2.8cm；花期4~6月，种子10月下旬至11月份成熟。贵州苏铁变异较大，类型较多，有冬花现象，10~12月份开雄花，偶尔还可见到二回羽状复叶，有的植株叶脉在上面为红色。

贵州苏铁与元江苏铁外形相近，但前者幼叶具褐色短柔毛，羽片通常革质，叶柄痕稍小，中种皮具近光滑至浅凹脑纹；后者幼叶具黄褐色长柔毛，羽片通常薄革质，叶柄痕粗壮，中种皮具明显疣状突起。

3.12 石山苏铁

石山苏铁（*Cycas miquelii*）又称山菠萝、少刺苏铁、锈毛苏铁、神仙米等。分布于广西的扶绥县、龙州县、凭祥市、宁明具、武鸣县、田阳县、崇左县等地的低海拔石灰岩山地，常生长于石灰岩缝隙里，呈团状或小片状分布。

石山苏铁（彩页4）为小型灌木，树干通常不明显，有时也膨大呈葫芦状，或纺锤状，或盘状，或圆柱形，高可达50cm，径达25cm，基部膨大成圆球形，灰色至灰褐色，叶痕宿存，后期常脱落而光滑，无茎顶绒毛；鳞叶披针形，长4.5~8.5cm，宽1.5~2.5cm，暗棕色，背面密被短绒毛；羽叶长（30）50~170cm，叶柄长5~63cm，上部两侧具3~35对短刺，刺长0.1~0.4cm，间距0.6~2.2cm，羽片40~81对，水平开展，革质，羽片条形，中部羽片长7.5~28（40）cm，宽0.5~1.2cm，先端渐尖，具短尖头，基部不对称，下侧下延生长，中脉上面平或微隆起，下面明显隆起，上面深绿色，有亮泽，下面淡绿色，叶边缘平或有时反卷，叶轴、叶柄及叶背密被锈色柔毛。

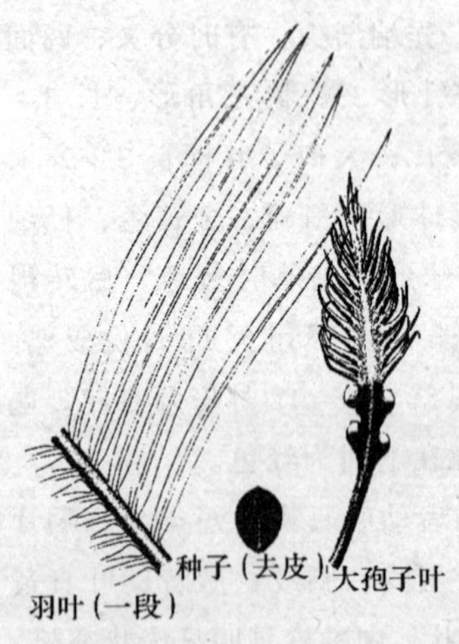

图 3-11 石山苏铁

石山苏铁与苏铁外形较接近，但树干不明显，基部常膨大成圆球形，叶痕脱落呈光滑，羽叶开展，羽片背面无毛，边缘平，不反卷，大孢子叶较小，疏被脱落性棕色柔毛，胚珠无毛，种子较小，长 1.7～2.7cm，成熟时黄色（图 3-11）；后者树干明显，可高达 8m，叶痕宿存，羽叶成“V”字形，边缘反卷，背面被柔毛，大孢子叶较大，密被宿存黄褐色绒毛，胚珠具毛，种子较大，长 2～4cm，成熟时红色至橘红色。

3.13 灰干苏铁

灰干苏铁（*Cycas hongheensis*）又称红河苏铁、灰杆苏铁、细叶苏铁等。分布于云南元江流域的个旧市保和乡和黄草坝乡，范围十分狭窄，多生长于低海拔的干热石灰岩向阳山坡的稀树灌丛中，成群落分布。

灰干苏铁（彩页 4）树干高 5～7m，直立，有时分枝，基部膨大，主干直径 30～40cm，有时可达 1.3m，树皮纵裂，光滑，灰白色，有时具凸出的同心环，无干顶被毛，叶基仅在干顶宿存。鳞叶披针形，坚硬，长 3～4.5cm，基部宽 1～1.5cm，顶端刺尖，上面光滑，背面密被黄褐色绒毛。羽叶长 50～90（120）cm，“V”字形开展，羽片 49～58 对，对生或近对生，幼时被黄褐色柔毛，后逐渐脱落，叶柄长 10～26cm，中部以上具 6～22 对短刺，刺长 0.1～0.2cm，刺距 0.5～3.5cm，中部羽片长 7～16cm，宽 0.6～0.8cm，边缘平或微反卷，革质，上面淡绿色，有光泽，下面黄绿色，中脉上面平，下面隆起；羽片微翘成龙骨状，叶柄、叶轴被黄褐色短柔毛；小孢子叶球圆柱形，

长18cm，径4.5cm，黄褐色，小孢子叶楔形，长1.5～1.8cm，不育部分盾状，宽0.8～1.1cm，密被短柔毛，先端有小尖头；大孢子叶顶片卵形至椭圆状披针形，长4.5～8.5cm，宽3～5.5cm，两侧各具（6）10～16对深裂片，裂片钻形，纤细，中部裂片长1.5～2.5cm，基部粗约1～2cm，有时有分叉，顶裂片比侧裂片稍粗大，渐尖，或比侧裂片明显宽大，菱状椭圆形，长2.2～2.7cm，宽0.3～0.7cm，两侧具2～4对细裂齿或具1片小裂片，大孢子叶柄长6～10.5cm，径0.4～0.6cm，两侧着生胚珠2～4（5）枚，扁球形，无毛，直径0.3～0.5cm，先端有小尖头，种子圆球形，长1.7～2.7cm，直径1.6～2.4cm，成熟时黄色、橘黄色至橘红色。

灰干苏铁树干光滑，灰白色，通常多分枝，近似于篦齿苏铁，但鳞叶比后者尖硬，而且羽片成“V”字形开展，羽片边缘通常微反卷，近似于苏铁；且灰干苏铁无茎顶绒毛，树干光滑，后者具茎顶绒毛，叶痕宿存。

3.14　暹罗苏铁

暹罗苏铁（*Cycas siamensis*）分布于泰国、越南、老挝及缅甸等国的低海拔干热阔叶林下。我国深圳仙湖植物园、南宁良凤江树木园等单位有引种。

暹罗苏铁（彩页5）树干圆柱形，基部膨大成圆盘状，高达1.5m，树皮块裂，叶痕脱落；鳞叶披针形，长2～3cm，宽1～1.5cm，背面密被褐色绒毛；羽叶长80～100cm，叶柄长10～27cm，刺5～12对，刺长0.1～0.2cm，间距0.5～1.7cm，羽片80～96对，中部羽片长6～12cm，宽0.4～0.6cm，条形，先端聚尖，中脉上面平，下面隆起，边缘稍反卷，革质；小孢子叶球圆柱形，长20～30cm，径5～8cm，具1.5～4cm的短柄，密被锈色绒毛，小孢子叶楔形，长1.5～2cm，不育部分盾形，宽0.5cm，顶端具长0.5～1（2）cm的小尖头；

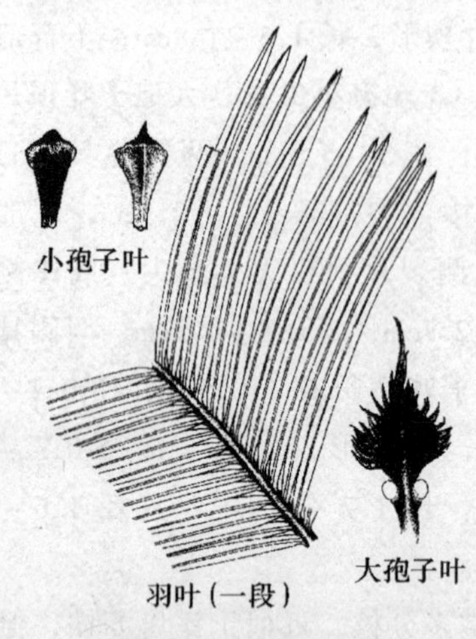

图 3-12 暹罗苏铁

大孢子叶（图3-12）长 7 ~ 12cm，顶片三角状卵形至菱状卵形，密被宿存锈色绒毛，长 4 ~ 5.5cm，宽 3 ~ 4cm，边缘篦齿状浅裂，两侧具 7 ~ 16 对侧裂片，裂片长 0.5 ~ 1.5cm，顶裂片钻形至披针形，长 1.5 ~ 3cm，宽 0.3 ~ 0.6cm，柄部具 1 ~ 2 枚胚珠，胚珠扁球形，先端凹，有小尖头，无毛；种子扁球形至球形，径 3 ~ 3.5cm，外种皮具海绵状纤维层，熟时黄色至黄褐色。11 月至次年 3 月开花，10 ~ 11 月种子成熟。

暹罗苏铁与篦齿苏铁形态相近，但树干通常低于 1.5m，基部膨大成圆盘状，树皮块裂，大孢子叶顶片三角形至菱状卵形，边缘侧裂片较短，长 0.5 ~ 1.5cm，易于区别。

3.15 刺叶苏铁

刺叶苏铁（*Cycas rumphii*）又称华南苏铁、龙尾苏铁。分布于巴布新几内亚、印度尼西亚、澳大利亚北部、越南、缅甸、印度、斐济及马达加斯加等地。我国华南各地有栽培。

刺叶苏铁树干圆柱形，高达 170cm，直径 25 ~ 30cm，无茎顶毛，叶痕宿存；鳞叶三角形，长 12 ~ 14cm，宽 3.5 ~ 4.5cm，背面密被锈褐色短绒毛；羽叶长（150）210 ~ 250cm，羽片 52 ~ 75 对，叶柄长 40 ~ 70cm，刺 20 ~ 33 枚，刺距 1 ~ 3cm，刺长 0.3 ~ 0.4cm，中部羽片长 25 ~ 37cm，宽 1.4 ~ 1.8cm，羽片条形，微弯至镰刀状，厚革质，边缘平至微反卷，中脉两面隆起，上面深绿色，有光泽；大孢子叶球松散型，后期下垂，大孢子叶（图 3-13）梭形，密生宿存锈色绒毛，顶片

菱状披针形至三角状披针形，长 5～10.5cm，宽 1.4～2.8cm，每侧具 2～8 枚细裂齿，裂齿长（0.2）0.3～0.8（1）cm，有时全缘，大孢子叶柄长（6）10～30cm，具 4～5 棱，直径 1.6～1.8cm，胚珠 1～7 枚，球形，顶端具长约 0.1cm 的小尖头，胚珠着生在深约 0.4～1cm 的浅盘状至环状珠座上，珠座① 具 1～2 个三角状钝齿，直径 1～2cm，基部稍延伸，有时珠座不明显；在广州 10 月开花，种子椭圆形，长 4.5～5cm，径 4～5cm，第二年成熟，熟时黄褐色。

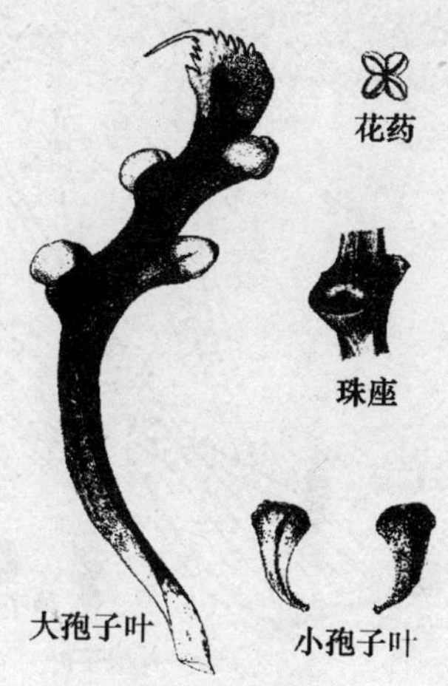

图 3-13　刺叶苏铁

刺叶苏铁与爪哇苏铁、拳叶苏铁（彩页 9）外形相近。但刺叶苏铁大孢子叶顶片每侧具 2～8 枚长 0.3～0.8cm 的裂齿，胚珠与珠座间无盘状珠托②；而爪哇苏铁大孢子叶顶片菱形至菱状披针形，长 4～8cm，宽 1.5cm，边缘具 1～3 枚波齿至钝齿，基部具膨大的盘状珠托。而拳叶苏铁大孢子叶上部顶片菱形，边缘的齿缺不甚明显，小孢子叶的先端有一长刺。

3.16　单羽苏铁

单羽苏铁（*Cycas simplicipinna*）分布于云南省勐腊、景洪等县市的低海拔的热带雨林下。

单羽苏铁为低矮灌木，主干不明显，叶痕宿存。鳞叶披针形，长

① 珠座：指大孢子叶柄着生胚珠处浅盘状至环状的结构，有时深达 1cm，直径 1～2cm，包被胚珠基部，又称着果小孔穴。

② 珠托：指大孢子叶柄部的珠座与胚珠之间的圆盘状结构。

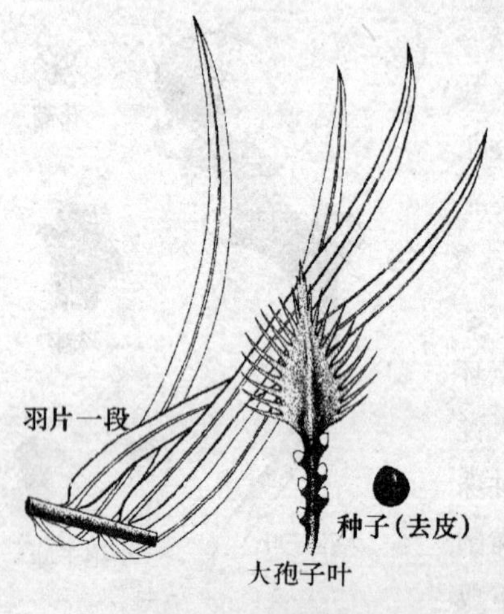

图 3-14 单羽苏铁

4.5～7cm，宽 1.5～2cm，羽叶长（1）1.5～2.5m，叶柄长 0.2～1m，刺 19～39 对，长约 0.3cm，刺间距 1.5～4cm，羽片 18～81 对，中部羽片条形，长 17～40cm，宽（1.2）1.6～2.5cm，深绿色，有光泽，纸质至薄革质，先端渐尖，中脉长 1～1.4cm，宽达 1～1.2cm，顶端近截状，外面被锈色柔毛。大孢子叶（图 3-14）两面隆起。小孢子叶球狭长圆柱形，长 15～21cm，直径 2～4cm，小孢子叶楔形，长 16cm，顶片近菱形至卵形，长 3.5～6cm，宽 3～5cm，边缘篦齿状深裂，两侧具 5～11 对侧裂片，裂片长 1～2cm，顶裂片钻形至三角状披针形，有时具浅齿，大孢子叶柄部被毛，胚珠 2～5 枚。种子为椭圆形，长 2.5～2.7cm，直径 2cm。

单羽苏铁与谭清苏铁、巴兰萨苏铁外形近似，但单羽苏铁羽叶干后变黑褐色，大孢子顶裂片明显比侧裂片粗大，胚珠 2～5 枚，种子较小，2.5～2.7cm，径约 2cm。谭清苏铁大孢子叶顶片近圆形，顶裂片不明显，与侧裂片近等长，胚珠仅 2 枚，种子较大；巴兰萨苏铁羽叶干后不变黑色，叶背银灰色，叶柄上刺长达 0.4～0.8cm。

3.17 十万大山苏铁

十万大山苏铁（*Cycas shiwandashanica*）分布于广西省防城港市的低海拔山谷阔叶林下。

十万大山苏铁茎干圆柱形，高不足 1m，直径约 10cm，无茎顶绒毛，叶痕宿存；鳞叶三角状披针形，长 3～9cm，宽 1～2cm，羽片长

1.4～2m，宽32～40cm，叶柄长15～105cm，具18～45对短刺，刺长0.4～0.8cm，较为直伸，间距0.4～6cm，羽片45～73对，长17～50.5cm，宽1～2cm，条形，深绿色，发亮，中脉两面隆起，边缘平，有时稍反卷或波状，革质，两面均无毛。雄球花窄长圆柱形，长18～25cm，径4～5cm，有长5～6cm的短梗，被黄褐色绒毛，小孢子叶窄楔形，长1.5～2cm，顶端钝或有短尖头，上部宽1cm，背面有黄褐色绒毛；大孢子叶（图3-15）长8～10cm，有黄褐色绒毛，顶片卵形至三角状卵形，长3～5cm，宽3～6cm，边缘篦齿状深裂，每侧有裂片4～9条，裂片长1～4cm，宽0.15cm，先端尖，顶裂片钻形，比侧裂片稍大或明显宽大，椭圆形，长2～3cm，宽0.4～0.9cm，胚珠2～6枚，扁球形，直径0.4～0.5cm，无毛；种子倒卵形，长3～3.5cm，直径2.5～3cm。花期4～5月，种子10～11月成熟。

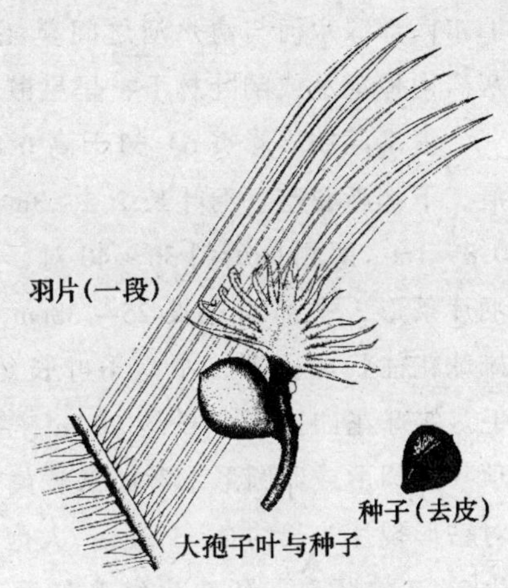

图 3-15　十万大山苏铁

十万大山苏铁与谭清苏铁、叉孢苏铁外形相近，但十万大山苏铁羽叶较多，叶柄上刺长而直，大孢子叶顶片较小，3～5cm，侧裂片4～9对，中种皮具疣状凸纹；谭清苏铁羽叶较少，一般不超过10片，中种皮较光滑；而叉孢苏铁大孢子叶顶片长9～10.5cm，侧裂片8～19对，中种皮具浅凹脑纹。

3.18　滇南苏铁

滇南苏铁（*Cycas diannanensis*）又称蔓耗苏铁。分布于云南省个

旧市南部绿水河与清水河之间蔓耗镇附近海拔700～1200m陡峻的石灰岩山地草丛或阔叶林下，呈星散或小片状分布。

滇南苏铁（彩页6）树干高0.8～3m，直径30～40cm，具环状叶痕，下部渐脱落。羽叶长2.5～3m，羽片约67～138对，纸质叶柄长0.8～1m，两侧具短刺36～40对，先端尖锐而微弯，长0.2～0.4cm，羽片条形，中部羽片长25～38cm，宽1.4～1.5cm，中脉两面隆起。雄球花柱状卵圆形，小孢子叶长约4cm，上面不育部分被黄褐色绒毛。雌球花卵圆形，长约20cm，直径15cm；大孢子叶长26～80cm，顶片宽圆形或卵圆形，背面密被黄褐绒毛，腹面无毛，边缘具13～20对钻形裂片，长约2～3.5cm，大孢子叶柄长（3）6～17.5cm，两侧着生2～7枚胚珠，胚珠疏生毛与无毛并存。种子球形，熟时红褐色，长3～6cm，直径2.1～2.8cm。花期4～5月，种子成熟期10～11月。

滇南苏铁与巴兰萨苏铁、单羽苏铁外形近似，但滇南苏铁叶柄上的刺较短，叶背淡绿色，大孢子叶顶片卵圆形，边缘具13～20对侧裂片，胚珠有时有毛；巴兰萨苏铁刺较长而直伸，约0.4～0.8cm；而后者刺长0.2～0.4cm，微弯；且单羽苏铁大孢子顶裂片明显比侧裂片粗大，胚珠2～5枚，种子较小。

3.19　巴兰萨苏铁

巴兰萨苏铁（*Cycas balansae*）分布于云南省的马关县、屏边县、金平县及河口县山谷热带雨林下，越南北部地区也有。

巴兰萨苏铁（彩页5）树干圆柱形，高达1m，直径约30cm，无茎顶绒毛，叶痕宿存；鳞叶三角状披针形，长5～7.5cm，宽2.5～3cm，棕色，背面密被绒毛；羽叶长1.35～1.75m，叶柄长26～68cm，刺25～43对，与叶柄垂直，刺长0.4～0.8cm，间距0.5～2.5cm，叶轴与叶柄被黄褐色至黑褐色长柔毛；羽片（15）47～49对，条形，中部羽片长20～27cm，宽1.5～3cm，纸质，先端渐尖至尾状渐尖，尾

长约2～2.5cm，上面绿色，有光泽，背面苍绿色，有蜡质，发亮，中脉在羽片上面隆起，下面稍平，边缘平或波状。大小孢子叶未见。

巴兰萨苏铁与滇南苏铁、单羽苏铁外形近似。巴兰萨苏铁羽片背面苍绿色，干后灰绿色，刺较长而直伸，约0.4～0.8cm；滇南苏铁刺长0.2～0.4cm，微弯；而单羽苏铁羽片背面淡绿色，干后变黑褐色，刺短而微弯，长约0.3cm。

3.20 仙湖苏铁

仙湖苏铁（*Cycas fairylakea*）系深圳仙湖植物园王定跃先生近年发现并命名的一个新种，分布在广西、广东及湖南的交界地区。

仙湖苏铁树干圆柱形，高可达1～1.5m，直径20～30cm，有的树干不明显，叶痕宿存；鳞叶披针形，长8～13cm，宽1.5～2.5cm；羽叶多数，长2～3.1m，叶柄长0.6～1.3m，光滑或被污毛，具刺29～73对，刺长0.2～0.5cm，间距1～4cm，幼叶锈色；羽片66～113对，中部羽片长17～39cm，宽0.8～1.7cm，间距2～2.5cm，羽片平展，边缘平至微反卷，有时波状，条形至镰刀状条形，薄革质至革质，上面深绿色，有光泽，下面浅绿色，中脉两面隆起；小孢子叶球圆柱状长椭圆形，长35～60cm，径5.5～10cm，小孢子叶（图3-16）楔形，长1.8～3cm，不育部分菱状椭圆形，密被褐色短绒毛，长0.6cm，宽1.2～1.8cm，顶端具0.2～0.3cm的小尖头，每侧常具1～4个小齿，长达0.1cm，大孢子叶球半球形，径35cm，高15cm，大孢子叶（图3-16）

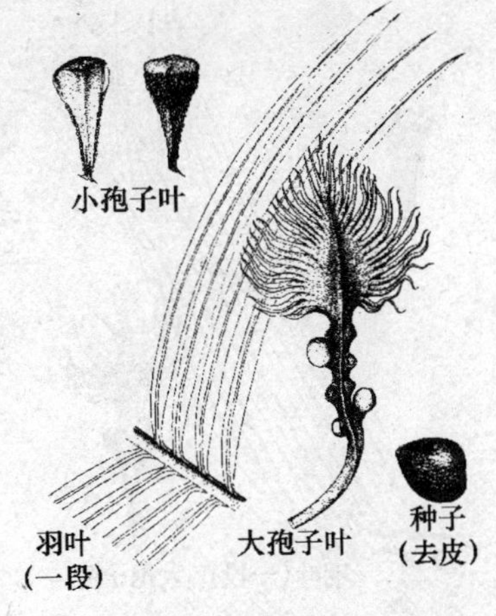

图3-16　仙湖苏铁

长 10 ~ 19cm，密被黄褐色绒毛，后逐渐脱落，仅柄部有残留，顶片卵圆形至卵状披针形，长 5 ~ 8.5cm，宽 5 ~ 8cm，边缘篦齿状深裂，侧裂片 13 ~ 24 枚，长（2）2.3 ~ 3.6cm，顶裂片钻形至披针形，明显长于侧裂片，胚珠（2）4 ~ 6（8）枚，扁球形，无毛，直径 0.5 ~ 0.7cm，先端有短尖头；种子倒卵状球形至扁球形，黄褐色，长 3 ~ 6cm，直径 2.6 ~ 3cm，无毛，中种皮具疣状突起。4 ~ 5 月开花，种子 8 ~ 9 月成熟。

仙湖苏铁与台湾苏铁、四川苏铁外形相近。仙湖苏铁幼叶锈红色，大孢子叶顶裂明显，顶裂片钻形，大孢子叶球不论胚珠发育与否，8 ~ 9 月便开始松散；台湾苏铁幼叶灰褐色，大孢子叶顶裂片宽三角形至钻形，边缘具细齿，大孢子叶球不论胚珠发育与否，当年通常紧包；而四川苏铁大孢子叶顶裂片与侧裂片区别不明显。

3.21 谭清苏铁

谭清苏铁（*Cycas tanqingii*）系深圳仙湖植物园王定跃先生近年发现并命名的一个新种，分布于云南省绿春县的小黑江流域及越南的黑水河流域海拔 800m 以下的热带雨林中，成小片状分布。

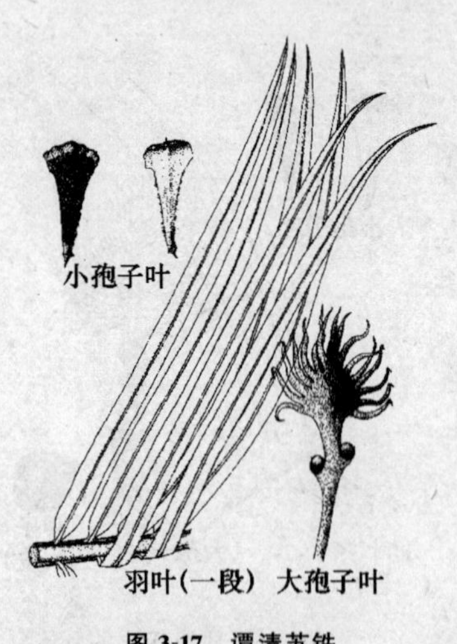

图 3-17 谭清苏铁

谭清苏铁树干圆柱形，高可达 2m，无茎顶绒毛；鳞叶披针形，背面密被绒毛；羽叶 4 ~ 7 枚，长 1.9 ~ 3.3m，叶柄长 0.7 ~ 1.6m，刺 50 ~ 59 对，刺长 0.15 ~ 0.3cm，间距 1.5 ~ 2.7cm，羽片 57 ~ 59 对，条形，中部羽片长 30 ~ 45.5cm，宽 1.5 ~ 2.2cm，坚纸质至薄革质，中脉两面隆起，表

面深绿色，有光泽，背面苍绿色，先端渐尖，基部楔形，下侧下延；雄球花圆柱形，长约40cm，径5~8cm，小孢子叶（图3-17）楔形，长2.5~3cm，顶端不育部分密被褐色短柔毛，宽1~1.3cm，先端具0.15~0.2cm长的小尖头；大孢子叶（图3-17）长10~12cm，顶片近圆形至卵圆形，长5~5.5cm，宽5~6.5cm，密被锈色短柔毛，后逐渐脱落，边缘篦齿状分裂，两侧具6~9枚侧裂片，裂片枯形，长1.5~4cm，顶裂片不明显，与侧裂片近等大，胚珠2枚，扁球形，直径约0.3cm，具小尖头，无毛；种子倒卵状球形，长3.5~4cm，直径3~3.5cm，中种皮具皱纹；花期4月，种子9~10月成熟。

谭清苏铁与单羽苏铁外形近似，但大孢子叶顶片近圆形，顶裂片不明显，与侧裂片近等长，胚珠仅2枚，种子较大而易区别。

3.22 爪哇苏铁

爪哇苏铁（*Cycas javana*）分布于印度尼西亚的爪哇岛，我国的中山大学、深圳仙湖植物园和中国科学院华南植物园有引种。

爪哇苏铁树干高达300~500cm，径25~40cm，无茎顶毛，干基稍成板根状，黄褐色，叶痕宿存而后期干下部脱落，有时有环状凸起，基部膨大，约达100cm，鳞叶披针形，长7~8cm，宽2~2.5cm，背面密被黄褐色短绒毛；羽叶多数，长200~260cm，叶柄长50~90cm，刺14~28对，刺距2~3cm，刺长0.2~0.3cm，羽片65~85对，平展，相距2~3cm，条形，常镰刀状，革质，深绿色而显光泽，上面中脉隆起，干后

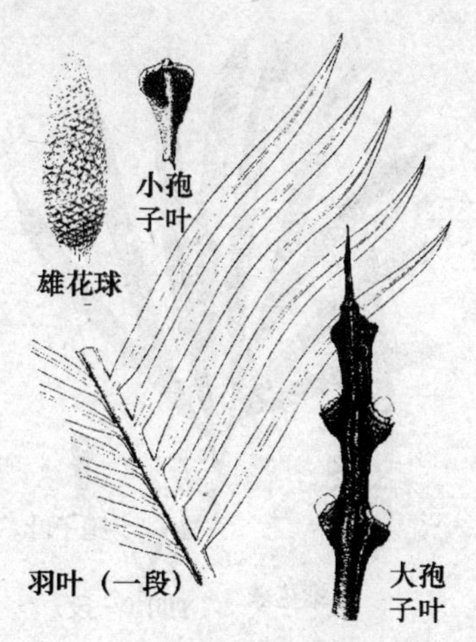

图3-18 爪哇苏铁

成凹糟，下面稍隆起，中部羽片长 16～26.5cm，宽（1.1）1.3～1.6cm，边缘平，有时微反卷；小孢子球长 55cm，其柄长 11cm，粗 3.5cm，圆锥形（图 3-18），径 12cm，锈褐色，小孢子叶（图 3-18）长 4～4.5cm，上部不育部分四菱形，宽 2～2.5cm，长不足 0.1cm，顶端具 1～1.4cm 长的刺尖；大孢子叶（图 3-18）顶片菱形至菱状披针形，长 4～8cm，宽 1.5cm，边缘具 1～3 枚波齿至钝齿，长不足 0.1cm，柄长 23～36cm，具 4～5 棱，胚珠 2～3 枚，球形，直径 0.6cm，有小尖头，基部具膨大的盘状珠托。

爪哇苏铁与刺叶苏铁外形相近，爪哇苏铁因其大孢子叶顶片边缘两侧具 1～3 枚波齿至钝齿，长不足 0.1cm，胚珠基部具膨大的盘状珠托而与刺叶苏铁相区别。

3.23 长柄叉叶苏铁

长柄叉叶苏铁（*Cycas longipetiolula*）分布于云南省元江流域低海拔的季雨林半荫环境中。

图 3-19 长柄叉叶苏铁

长柄叉叶苏铁树干通常不明显，有时可达 20cm，直径 15～25cm，叶痕宿存，地下部分叶痕脱落，无茎顶绒毛；羽叶 2～3 片，长 300～430cm，宽 50～80cm，叶柄近圆柱形，长 160～230cm，中部叶柄粗 2～2.8cm，基部粗 4.9cm，两侧具 50～70 对短刺，刺圆锥状，微扁，长 0.3～0.5cm，刺间距 1～5.5cm，二回二叉羽状深裂（图 3-19），一回羽片 21～25 对，对生或近对生，中下部一回羽片较长，长 30～40cm，宽 25～

40cm，扇形至倒卵形，向上渐短至约25cm，小叶柄长4～8cm，向上渐短至1.5～2cm，叶柄、叶轴及小叶轴疏被锈色短柔毛，或脱落至近无毛，一回羽片之间距为7～10cm，（3）4～5次二叉分歧，下侧具二小羽片，并具约1～2cm的小叶柄，间距1～2.5cm，二回羽片1～2次二叉分歧，顶端二回羽片也2次二叉分歧成3～4小羽片；小羽片条形，革质，长19～33cm，宽1.6～1.9cm，顶端近尾状渐尖，尾长1.5～2cm，基部尤其下侧明显下延，上面深绿色，有光泽，下面淡绿色，中脉往上面隆起，下面稍隆起，无毛，边缘平，有时微波状。小孢子叶球（图3-19）纺锤状长圆柱形，长36cm，直径6cm，黄褐色，干后褐棕色，具约4cm长的短柄，小孢子叶楔形，长1.5～2.2cm，宽1.5～1.8cm，上部不育部分盾状，密被黄褐色柔毛，顶端具长0.2～0.4cm的小尖头，两侧各具3～5小细齿；大孢子叶及种子未见。

长柄叉叶苏铁与叉叶苏铁、多歧苏铁外形相近。长柄叉叶苏铁二回二叉分歧羽状深裂，一回羽片4～5次二叉分歧，17～25对，具5～8cm的小叶柄，二回羽片仅3对，小羽片倒卵状条形，长25～33cm，宽1.7～1.9cm；叉叶苏铁一回羽片（1～）2（～3）次二叉分歧，仅具0.2～0.7cm的小叶柄；而多歧苏铁为三回二叉分歧羽状深裂，二回羽片5～7次二叉分歧，一回羽片6～11对，二回羽片7～11枚，小羽片倒卵状披针形，长7～18cm，宽1.1～2.3cm。

3.24 多羽叉叶苏铁

多羽叉叶苏铁（*Cycas multifrondis*）分布于云南与广西的交界处。

树干圆柱形，干可达40cm，叶痕宿存；鳞叶三角状披针形，长11～14cm，宽5～6cm，背面密被棕色绒毛，羽叶4～10片，幼时锈色，羽叶长275～350cm，叶柄长110～160cm，下部疏被短柔毛，刺40～78对，刺长0.3～0.5cm，间距1.5～2.5cm，羽片27～44对，中部羽片长（14）22～41cm，宽（1.1）1.4～2.5cm，中脉两面隆起，条

图 3-20 多羽叉叶苏铁

形，1～2（3）次二叉分歧（图 3-20），深绿色，有光泽，坚纸质至革质，先端渐尖，基部楔形，下侧明显下延，小叶柄长 0.5～3.5cm，雄球花纺锤状圆柱形，长 35～40cm，径 5～7cm，小孢子（图 3-20）叶楔形，长 2～2.5cm，不育部分盾状，宽 1.2～1.5cm，密被短柔毛，先端具短尖头，长约 0.1cm，两侧具 1～3 枚细齿；大孢子叶（图 3-20）长 19～23cm，密被锈色绒毛，后逐渐脱落，顶片卵形至卵圆形，长 8～12cm，宽 6～8cm，边缘篦齿状深裂，两侧 16～19 对侧裂片，裂片纤细，长 2～4cm，粗约 0.1～0.2cm，先端芒尖，顶裂片钻形至披针形，长 3～6.5cm，宽 0.2～0.5cm，有时有 1 对小裂片，胚珠 6～8 枚，扁球形，径约 0.5cm，无毛，具小尖头；种子近球形，径约 3cm，熟时黄褐色。花期 4～5 月，种子 10～11 月成熟。

多羽叉叶苏铁与叉叶苏铁外形相近，但羽叶通常为 4～10 枚，小叶柄长 0.5～3.5cm，大孢子叶顶片之裂片较长而细尖。

3.25 多胚苏铁

多胚苏铁（*Cycas multiovula*）分布在云南东南部与越南北部交界地区的热带雨林下。

树干圆柱形，高达 80cm，径达 50cm，叶痕宿存，叶痕长 10～11cm，无茎顶绒毛；鳞叶披针形，长 20cm，宽 5cm，粗厚，背面具黄褐色粗长毛；羽叶多数，长 190～250cm，叶柄长 67～95cm，中部粗 2cm，刺 37～47 对，长 0.3～0.4cm，刺距 1.5～2.3cm，叶柄、叶轴具

脱落性柔毛，羽片 67 ~ 95 对，平展，革质至厚革质，上面深绿色，有光泽，中部羽片长 36 ~ 40cm，宽 1.4 ~ 1.6cm，小孢子叶球圆柱形，黄色；大孢子叶顶片椭圆形，长 10 ~ 12cm，宽 6 ~ 7cm，密被黄褐色绒毛，边缘羽状分裂，两侧具 14 ~ 22 对侧裂片，裂片钻形，长 2 ~ 3cm，有时分叉，顶裂片披针形，长 2 ~ 5cm，宽 0.7 ~ 0.8cm，具 3 ~ 5 对裂齿或细裂片，大孢子叶（图 3-21）柄部长 7.5 ~ 8.5cm，具 10 ~ 14 枚胚珠，胚珠扁球形，径约 0.4cm，无毛，种子未见。

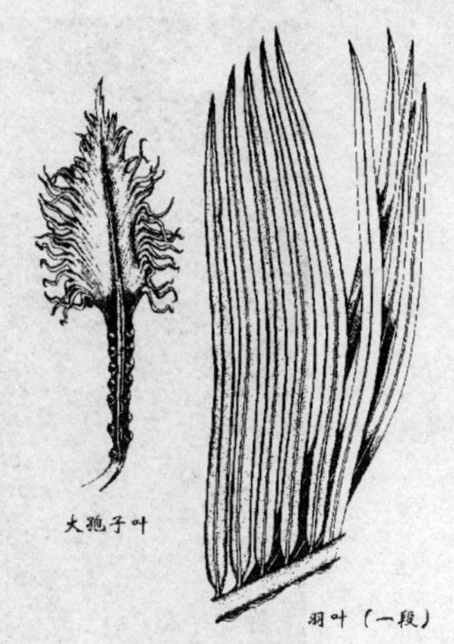

图 3-21　多胚苏铁

多胚苏铁与四川苏铁外形相近，但叶痕粗大，鳞叶具粗长毛，大孢子叶柄部具 11 ~ 14 枚胚珠，大孢子顶片的顶裂片明显；而四川苏铁叶痕稍粗，鳞叶短绒毛，大孢子叶柄部具 6 ~ 8（10）枚胚珠，大孢子顶片的顶裂片不明显。

3.26　鳞秕泽米

鳞秕泽米（*Zamia furfuracea*）又称鳞秕苏铁、墨西哥苏铁。原产于墨西哥的东南海岸，现世界各地已广泛栽培，是理想的盆栽品种。

鳞秕泽米为小型到中型灌木（图 3-22）（彩页 4），多分枝，地下茎或露出 10 ~ 20cm，直径 10 ~ 35cm；幼叶灰绿色，密生锈棕色柔毛，羽叶长 20 ~ 100cm，斜展至直立，两侧平，叶柄长 6 ~ 15cm，基部膨大，被短柔毛，密生粗壮短刺；羽片 10 ~ 20（40）对，长 8 ~ 16cm，宽 1.8 ~ 4.5cm，矩圆形或倒卵状矩圆形，相互交叠，上面灰绿色，下面浅绿色，厚革质，坚硬，基部渐狭，先端钝尖，边缘具细齿；雄球

图 3-22 鳞秕泽米

花长 **9～12cm**，宽 **6～12cm**，圆柱形，灰绿色，具短柔毛，小孢子叶楔形，外侧六棱形，梗长 5～10cm，大孢子叶球长 18～23cm，径 6.5～7cm，桶状，外侧六棱形，梗长 3～5cm，具柔毛；种子长 2～2.2cm，径 1～1.2cm，卵形，粉红色至红色。

图 3-23 美洲苏铁

3.27 美洲苏铁

美洲苏铁（*Zamia pumila*），又名美叶凤尾蕉，为近年从美洲引进的一种大型名贵观赏植物(彩页 12)。

多单干，干高 15～30cm，少有分枝，有时呈现丛生状，粗圆柱形，柱面密布暗褐色的叶痕，

多年生的总干基部茎盘处常着生幼小的萌蘖；叶为大型偶数羽状复叶（图 3-23），丛生于茎干顶端，叶长 60 ~ 120cm，硬革质，叶柄长 15 ~ 20cm，疏生坚硬小刺；羽状小叶 7 ~ 12 对，小叶椭圆形，两侧不等，基部 2 / 3 处全缘，上部密生钝锯齿，顶端钝渐尖，边缘背卷，无中脉，叶背可见明显突起的平行脉；雌雄异株，雄花序松球状，长 10 ~ 15cm，雌花序似掌状。种子红色至橙红色，卵圆形，长 1 ~ 2cm。

3.28 费切尔泽米

费切尔泽米（*Zamia fischeri*）原产墨西哥 *San Luis* 及其附近地区海拔 400 ~ 800m 松树林区。性喜阳光充足、温暖湿润、排水良好的场地。植株矮小，形似蕨类，但具近球形地下茎，直径 2 ~ 8cm；羽状叶，多为 3 ~ 8 片，长 15 ~ 30cm，具柄，柄长 5 ~ 10cm，无刺，小叶 5 ~ 9（12）对，纸质，披针形，基部钝圆，先端较尖，上半部边缘有锯齿状突起，小叶长 3 ~ 5cm，宽 0.5 ~ 1cm。雄球花棕褐色，圆柱形至卵状圆柱形，顶部较钝，长 5 ~ 7cm，直径 1 ~ 2cm；花梗长 1.5 ~ 2.5cm。雌花序灰绿色至灰色，圆柱形至卵状圆柱形，顶端较尖，长 8 ~ 12cm，直径 4 ~ 7cm。种子红色，长 1.3 ~ 1.8cm，直径 0.5 ~ 0.8cm。

本种易与 *Zamia vazquezii* 混淆，但费切尔泽米叶片较少也较短，小叶不超过 12 对。

3.29 双子铁

双子铁（*Dioon edule*）又称食用双子铁，原产于墨西哥，已知有两个亚种，*Dioon edule* subsp. *angustifolium* 多分布于墨西哥北部干燥地区，而 *Dioon edule* subsp. *edule* 则主要分布于南部地区，因环境条件差异很大，故形态上也有所不同。

双子铁植株乔木状，高约 4m，直径 30 ~ 50cm；羽状叶（图 3-24）簇生茎顶，约有 50 ~ 150 片，浅绿色、亮绿色、蓝色或蓝绿色，长 100

图 3-24　双子铁

~200cm；每片有小叶 70~150 枚，小叶近披针形，单色，无锯齿，长 6~12cm，宽 0.5~1cm。雄球花卵形至纺锤形，暗褐色，长 15~40cm，直径 6~10cm；小孢子叶顶片长 3cm，宽 2 cm。雌球花卵形，暗灰色，长 20~35cm，直径 12~20cm；大孢子叶顶片长 3.5cm，宽 2.5cm。种子卵形，长 2.5~4.5cm，宽 2~3cm。种子奶白色。

此外，近年各地报道还陆续发现一些有待确认的新种，如：①厚柄苏铁（*Cycas crassipes*），叶长 230~250cm，羽片 140~150 对，大孢子叶粗大，长 19~22cm，有裂片 15~22 对，顶片宽 8~10cm，长 4~4.5cm，下半部柄长 10~11cm，宽 1~1.2cm，极粗壮，胚珠每侧 2~3 个。②德保苏铁（*Cycas debaoensis*），外形与多歧苏铁相似，但羽叶为 7~11 片，长仅 1.5~3.5m；小羽片带形，先端长渐尖；胚珠常 4 枚；大孢子叶不育，顶片的裂片丝形，可多达 50 个。③多裂苏铁（*Cycas multifida*），大孢子叶裂片多，秃净无毛，种子亦无毛。④七籽苏铁（*Cycas septemsperma*），羽片及刺均极短，胚珠 7 个。⑤短叶苏铁（*Cycas brevipinnata*）以羽叶和羽片均短小，刺亦极短为特征，⑥长球果苏

铁（*C. longicomifera*），雄球果狭长，羽叶疏远。⑦尖尾苏铁（*Cycas acuminatissma*），羽片先端尖长，大孢子叶短小。

附：常见苏铁属植物分种检索表

1A. 一回至三回二叉羽状深裂

2A. 一回二叉羽状深裂，一回羽片（1）2～3次二叉分歧

3A. 羽叶1～4，小叶柄2～7mm，胚珠（1）4～6枚，大孢子叶裂片稍粗壮 ……………………………………………………………… 叉叶苏铁

3B. 羽叶4～10枚，小叶柄5～35mm，胚珠6～8枚，大孢子叶裂片纤细 ……………………………………………………………… 多羽叉叶苏铁

2B. 二至三回二叉羽状深裂，一回或二回羽片4～7次二叉分歧

4A. 二回二叉羽状深裂，一回羽片4～5次二叉分歧，21～25对，二回羽片仅3，小羽片倒卵状条形，长19～33cm，宽1.6～1.9cm ……… ……………………………………………………… 长柄叉叶苏铁

4B. 三回二叉羽状深裂，二回羽片5～7次二叉分歧，一回羽片6～11对，二回羽片6～11，小羽片倒卵状披针形，长7～22cm，宽1～2.4cm ……………………………………………………… 多歧苏铁

1B. 一回羽状深裂

5A. 树干具茎顶绒毛

6A. 羽片成”V”字形排列，边缘显著反卷 ……………………… 苏铁

6B. 羽片开展，边缘通常平，有时稍反卷

7A. 胚珠与种子被毛，种子紫红色，不产生易于分离、破碎的薄层，茎顶绒毛淡棕色 ……………………………………… 台东苏铁

7B. 胚珠与种子无毛，种子红褐色，产生易于分离、破碎的薄层，茎顶绒毛深棕色……………………………………… 攀枝花苏铁

5B. 树干无茎顶绒毛

8A. 成年植株羽叶较多，每轮羽叶通常达十几片至数十片

9A. 树干灰白色，树皮纵裂，高达5～15m，叶痕后期脱落

10A. 羽片平展，边缘平

11A. 大孢子顶裂片比侧裂片长 ………………………… 篦齿苏铁

11B. 大孢子顶裂片比侧裂片短 ……………………… 越南篦齿苏铁

10B. 羽片通常呈“V”字形开展，边缘稍反卷 ………… 灰干苏铁

9B. 树干不为灰白色，树皮不裂或块裂

12A. 树干基部膨大成圆盘状

13A. 树干高通常小于 50cm，树皮块裂，粗糙，大孢子叶顶片后期褐色绒毛基本脱落，侧裂片无毛，种子小型，长 1.7 ~ 2.7cm，径 1.6 ~ 2.4cm，外种皮易与中种皮剥离，无海绵纤维层 ………………………………………………… 石山苏铁

13B. 树干高可达 1.5m，树皮光滑或块裂，大孢子叶顶片密被宿存绒毛，种子中型，长 2.5 ~ 3.5cm，外种皮具海绵状纤维层，不易与中种皮分离 ……………………………… 暹罗苏铁

12B. 树干基部通常不膨大成圆盘状

14A. 羽片厚革质，宽通常在 1.2 ~ 1.6cm，大孢子叶顶片边缘齿裂，裂片短于 1cm

15A. 胚珠具盘状珠托，大孢子叶顶片具 1 ~ 3 对波齿至钝齿，齿长 1mm …………………………………………… 爪哇苏铁

15B. 胚珠无盘状珠托，大孢子叶顶片具 2 ~ 9 对短齿，齿长 1 ~ 10mm

16A. 树干密被宿存的叶痕，大孢子叶顶片具 2 ~ 8 对细齿，齿长 2 ~ 10mm ……………………………… 刺叶苏铁

16B. 树干上部叶痕宿存，下部光滑，叶痕脱落，大孢子叶顶片具 5 ~ 9 对短齿，齿长 1 ~ 6mm ……………………… …………………………………… 苏铁一种（未定名）

14B. 羽片革质至纸质，大孢子叶顶片边缘羽状至篦齿状分裂，裂片长于 1cm

17A. 胚珠 10 ~ 14 枚，树干粗壮，叶痕宽大，鳞叶长达 20cm，

宽 5cm，具黄褐色长粗毛，羽片长 36 ~ 40cm，宽 14 ~ 16mm ……………………………………………… 多胚苏铁

17B. 胚珠 2 ~ 8（10）枚，叶痕宿存或脱落，鳞叶宽通常短于 3.5cm，具棕色短绒毛

18A. 大孢子叶顶片卵圆形，边缘具 13 ~ 20 对侧裂片，胚珠无毛与疏被毛并存，羽片长 25 ~ 38cm，宽 1.4 ~ 1.5cm ……………………………………………… 滇南苏铁

18B. 胚珠无毛

19A. 树干通常可达 1m 以上，有时达 5 ~ 6m，小孢子叶球粗大，长 40 ~ 60（75）cm，径 8 ~ 15cm，大孢子叶宽大，侧裂片粗壮

20A. 大孢子叶顶裂片不明显，与侧裂片近等大，羽叶坚挺而直伸，幼时锈色 …………………… 四川苏铁

20B. 大孢子叶顶裂片显著，明显比侧裂片宽大，羽叶上部通常细软而弯垂

21A. 大孢子叶顶裂片三角形，远比侧裂片宽大，边缘具细锯齿或浅裂，有时钻形，比侧裂片稍大，不裂或边缘深裂；大孢子叶球开花时仍紧包，胚珠先端中间凹，种子 11 ~ 12 月成熟，此时无论胚珠是否发育，大孢子叶球仍紧包，由绿色渐变干褐色，但仍坚硬，幼叶灰绿色 ……… 台湾苏铁

21B. 大孢子叶顶裂片钻形至条形，比侧裂片稍大；大孢子叶球开花时松软，胚珠先端尖，种子 8 ~ 9 月成熟，此时无论胚珠是否发育，大孢子叶球变干褐色，松软，逐渐腐烂，幼叶锈色 ………… ……………………………………… 仙湖苏铁

19B. 树干通常短于 1m，小孢子叶球中等或小型，长 15 ~ 40（50）cm，径 5 ~ 12cm，大孢子叶通常较小至中型，

有时较大，但侧裂片纤细，先端芒尖

22A. 羽片通常较大，长 33 ~ 40cm，宽 1.4 ~ 1.8cm

23A. 大孢子叶大型，顶片长 5 ~ 13cm，宽 5 ~ 15cm，侧裂片 8 ~ 19 枚，通常再 2 叉分裂，裂片纤细，先端芒状，胚珠 4 ~ 6 枚 …………… 叉孢苏铁

23B. 大孢子叶小型，顶片长 3 ~ 5cm，宽 3 ~ 6cm，侧裂片 4 ~ 9 枚，裂片稍粗壮，胚珠 2 ~ 4（6） ……………………………… 十万大山苏铁

22B. 羽片通常较短而窄，长 8 ~ 35cm，宽 6 ~ 12（14）mm

24A. 大孢子叶顶裂片倒三角形，边缘具小裂齿，或长条形，羽片长 8 ~ 18（30）cm，宽 4 ~ 12mm，种皮近光滑或具浅凹脑纹，…………… 贵州苏铁

24B. 大孢子叶顶裂片钻形至披针形，种子中种皮具明显皱纹，羽片长 14 ~ 28（35）cm，宽 8 ~ 12（19）mm ………………………………… 元江苏铁

8B. 成年植株羽叶通常少数，2 ~ 6（12）片，且羽片较宽，宽 1.6 ~ 2.2cm

25A. 羽叶纸质至薄革质，边缘平或有时波状，干后黄褐色或黑褐色，叶柄刺长 1.5 ~ 3mm

26A. 大孢子叶顶片先端圆形，顶裂片稍比侧裂片大或近等大，胚珠 2 枚，树干可达 2m，羽片长 30 ~ 45cm，宽 1.5 ~ 2.2cm，干后黄褐色，种子直径 3 ~ 3.5cm ………………………… 谭清苏铁

26B. 大孢子叶顶片先端卵形，顶裂片明显比侧裂片宽大，胚珠 2 ~ 5 枚，树干不明显，羽片长 23 ~ 36cm，宽 16 ~ 22mm，干后黑褐色，种子直径 2 ~ 2.7cm ………………………… 单羽苏铁

25B. 羽叶薄纸质，边缘常波状，干后叶背银灰色，发亮，叶柄刺长 4 ~ 8mm ………………………………………………… 巴兰萨苏铁

4 繁殖方法

苏铁植物的繁殖方法可以分为有性繁殖与无性繁殖两大类。有性繁殖又称种子繁殖、播种繁殖，而无性繁殖则有扦插繁殖、分株繁殖、埋干繁殖、空中压条繁殖、嫁接繁殖、羽叶扦插繁殖和组织培养繁殖等多种。

4.1 有性繁殖

苏铁植物的有性繁殖即种子繁殖，是以种子播种繁殖后代。但苏铁属植物雌雄异株，自然结实率很低。长期以来人们普遍认为，自然界中的苏铁植物以风为传粉媒介繁衍后代，但近来发现仅有风是不够的，而甲虫（图 4-1）才是苏铁属植物的主要传粉媒介。苏铁雄球花的香味是吸引甲虫的诱物，传粉的甲虫具有一定的专一性。苏铁与甲虫之间是一个相互依存、相互制约、协同进化及和谐统一的关系，甲虫帮助苏铁传粉，而在苏铁由于受伤、衰老或死亡等原因开始腐烂时，甲虫会啃食苏铁的叶柄和鳞片基部及树干，加速苏铁的腐烂，但在苏铁生长健壮时并不危害苏铁。实际上，不论是通过风还是甲虫传粉，苏铁植物的自然结实率都非常低。因为苏铁属植物不仅雌雄异株，而且花期常常不会相遇，如果雌雄植株不在一起或相距较远则自然授粉的几率更低，颗粒无收的现象屡见不鲜。因此，通常需要通过人工辅助授粉以获得足够的种子。

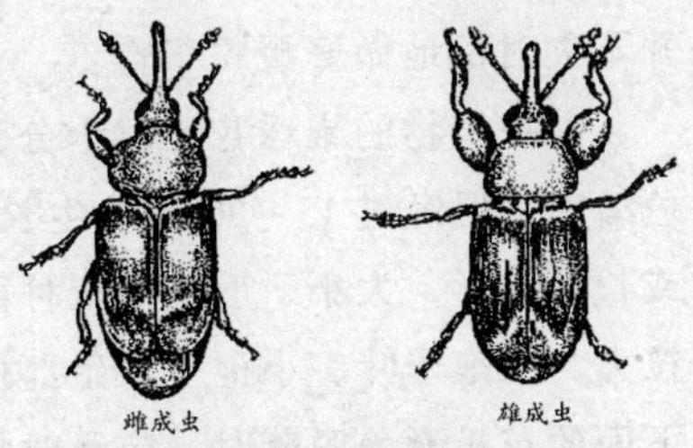

图 4-1 传粉甲虫

4.1.1 人工辅助授粉

正确实施人工辅助授粉，需要准确了解苏铁植株的生长发育情况，才能从中发现适宜人工授粉的植株，并抓住人工授粉的最佳时机，获得理想的效果。

在长期的生产实践中，人们发现苏铁属植物开花有两个征兆：一是无论是雌株还是雄株，在开花前一年的秋末冬初，茎顶芽鳞间都会长出近似芽鳞而又无刺的若干圆条状物，具绒毡毛，中间充实丰满，折之易碎断，可据此推断该株苏铁已进入生殖生长，花芽已经形成；二是适龄雌株进入正常开花季节后还未见新叶抽出，此为开花预兆，需要留心观察，以便掌握好苏铁从显花到花性成熟的生长发育情况，并不失时机地做好授粉工作。

苏铁植物的雄球花初时十分紧簇，黄中带绿，呈圆锥状，有浅黄色绒毛，但经过15～30天的生长发育，则进入性成熟期，成纺锤形或长卵圆形，大小、形状则依种而异。当小孢子叶相互之间距离逐渐拉大，小孢子叶、小孢子着生部位及中轴清楚可见，中下部小孢子叶下面的花粉囊盖脱落时，应及时将全花取下，放在铺开的白纸或报纸上，轻轻拍打，将散落在纸上的花粉收集，装入小瓶，之后摊在室内阴凉处，每天收集一次，重复收集3～4次，或在植株上直接收集好，编号登记好后置冰箱冷藏。苏铁植物的花粉寿命很短，通常刚释放时萌发力最高，几天以后发芽率就会明显下降，10天后约有50%的花粉失去活性，3周后仅有很少一部分能够萌发，1个月后几乎都不能萌发。因此，通常情况下花粉贮藏不要超过15天。但在低温（0℃）条件下，可贮藏较久，甚至有贮藏3年、5年的报道。苏铁的最佳授粉时期通常是在大孢子叶完全张开，胚珠上出现白色黏液的时候，此时雌花张开，形如菊花。但石山苏铁、仙湖苏铁、贵州苏铁、四川苏铁、叉叶苏铁、元江苏铁及十万大山苏铁等宜在大孢子叶稍张开或出现松动时授粉，效果最好；而台湾苏铁与台东苏铁的大孢子叶基本上

不张开或不松动，需人工用劲掰开重复授粉才能成功。

人工授粉宜选择在晴天，最好是无风或者微风天进行，切忌雨天授粉，以免授粉失败。授粉方法大致有干授法、湿授法和蚁授法三种。干授法即用手掰开大孢子叶，用湿毛笔蘸取花粉，轻涂在所有胚珠上，隔 1～2 天重复一次，如此重复 2～3 次；或将花粉倒在纸上，直接用手轻轻撒在雌花上或胚珠上；或用口吹，或借助小喷粉器将花粉喷在雌球花上。但以毛笔蘸粉法较节省花粉用量，且结实率较高。湿授法是将花粉用清水稀释 10～20 倍后，装入小喷雾器中，再喷在雌球花上。而蚁授法则是先将蜜糖水喷在白纸上，等蚂蚁布满纸张后，再往雌球花上喷些蜜糖水，然后将花粉撒落在布满蚂蚁的纸上，再将纸反盖在雌球花上，加厚布压住纸张，防止纸被风吹走，通过蚂蚁往雌球花内爬行授粉。

通常授粉后一周内大孢子叶就会很自然地收拢闭合为紧簇的球形状花，胚珠逐渐变绿，大孢子叶颜色也开始加深，苏铁为土黄色，其他种类多变绿色。此后，胚珠逐渐生长，4～5 周后开始着色，由绿变红，6 周后个体大小基本定型，之后完成胚与胚乳的发育。不同种类、不同地区之间有所差异。种子成熟时大孢子叶又开始散开，种子逐渐从大孢子叶叶柄处脱落，但种子内的胚通常到第二年才能完全成熟。

4.1.2 种子采集和贮藏

苏铁植物授粉后约经 6～18 个月种胚才会发育成熟，不同种类之间有所差异（表 4.1），因此，苏铁植物种子成熟期多在开花当年 11 月以后，过早采收不利于种子发芽。成熟后种子外果皮通常为黄色至黄褐色，苏铁、台东苏铁的种子为红色。成熟时大孢子叶松散或开张，种子与大孢子叶叶柄部连接微弱，轻摘即掉；外果皮的中上部绒毡毛脱光，种子手感很重实，晾放一周后仍沉水下。种子的质量与树体强壮程度、结实率以及光照条件、施肥水平等因素有关。树体强壮，结实率高，光照充沛，肥料充足，则种子个体大，饱满程度高，种子发

芽率高；反之，则种子个体小，瘪浮籽比例高，种子发芽率低。

表 4.1　苏铁植物授粉至种子成熟时间

属　名	从授粉到成熟所需时间（月）
波温铁属 *Bowenia*	6～9
角果铁属 *Ceratozamia*	9～12
苏铁属 *Cycas*	9
双子铁属 *Dioon*	12～18
非洲铁属 *Encephalartos*	6
鳞叶铁属 *Lepidozamia*	6～9
大苏铁属 *Macrozamia*	11
小苏铁属 *Microcycas*	9～12
托叶铁属 *Stangeria*	11
泽米属 *Zamia*	11

苏铁植物的种子产量与苏铁种类、树体大小、大孢子叶数、每片大孢子叶上的胚珠数以及结实率有关，而结实率又与授粉时期掌握准确与否、花粉新鲜程度以及授粉次数有关，成功的人工授粉后的结实率一般均在 90%左右，不同种类间存在较大差异。以苏铁为例，在人工辅助授粉成功条件下，结实率可达 95%以上，甚至更高，每棵母树通常可采果 200～600 粒，最多的有高达 900 多粒，重达十多千克。

种子采集后，应及时进行处理。通常是将种子堆放在阴凉潮湿处，上面覆盖一层稻草或其他保湿材料，然后用水浇透，堆沤 4～6 天后，除去覆盖物，将种子放在盛满清水的桶中，以木棍加以搅拌，或用手揉擦种皮，使外种皮与中种皮分离后，再用清水冲洗，去除种皮和发育不饱满的种子（图 4-2）。处理后的种子可以干藏或沙藏待用。

图 4-2 去皮前（左）与去皮后（右）的泽米种子

4.1.3 种子播种与播后管理

苏铁种子可随采随播，或去外种皮后湿沙贮藏，或置于通风处，晾干后再干藏或沙藏至翌年早春再播，但不论是干藏还是沙藏，均没有随采随处理随播种的效果好。苏铁播种繁殖宜在每年的 3～4 月间进行，播前要先浸种 5～7 天，促使种子充分吸水，期间每隔 1～2 天换一次清水，最后还要用福尔马林溶液消毒后播种；也可先用 40～60℃温水浸泡 12 小时，倒出摊放 1 小时后，再用含有 0.1%硫酸亚铁或磷酸二氢钾的温水浸泡 12 小时后播种。浸种处理之前若能用小锤逐个将种子的尖端轻轻砸开一小裂口，则效果更好。浸种时添加一定浓度的 ABT 生根粉处理，可显著提高种子的发芽率和成苗率，且以 2×10^{-11}（V／V）浓度的 ABT 生根粉溶液浸种处理效果最好，发芽率和成苗率均可达 60%以上（表 4.2），出苗所需的时间也最短。浸种过程中，应将空瘪上浮的种粒除去；如用手摇动种粒，内有响声者，也属胚乳不饱满，同样不能发芽，应一并剔除。经过处理后的苏铁种子的当年播种出苗率可达 98%以上，但隔年播种出苗率通常不会超过 20%；而攀枝花苏铁种子第一年播种出苗率可达 95%以上，第二

年播种则降到10%以下，第三年通常不足5%，再往后就全部失去发芽率。也可先将种子沙藏催芽后再播种，即将待播种的种子用清洁细沙拌和均匀后，再用厚实的塑料袋或大瓦盆装好，放于湿润、通风、室温不低于15℃的条件下进行催芽。在催芽过程中，要保持种粒湿润，发现种子有霉斑就要及时进行冲洗，并更换细沙，直到3~4个月后，种子外壳陆续开裂露嘴时再下地播种育苗。

表4.2　不同处理浓度与浸种时间对苏铁种子发芽率和成苗率的影响（傅瑞树，1996）

处理浓度（V/V）	发芽率（%）			成苗率（%）		
	12小时	24小时	36小时	12小时	24小时	36小时
1×10^{-11}	52.3	54.7	56.3	52.3	53.7	55.3
1.5×10^{-11}	54.7	57.3	60.0	54.0	56.3	59.3
2×10^{-11}	62.0	60.0	63.7	62.0	59.7	62.7
对照	44.0	43.0	42.3	43.3	42.7	42.0

苏铁播种育苗宜在光照充足的向阳地中进行，要选择肥沃疏松、排水良好的微酸性砂壤土或壤土。床播或盆播均可。作床时应根据种子的多少以及播种的密度考虑苗床的大小，苗床的底部应预留排水孔，床高50cm左右。播种前一个月，应对土壤进行严格消毒，每m^2的播种面积可拌入100g70%呋喃丹可湿性粉剂，以杀死土壤中的害虫，特别是对苏铁危害严重的线虫。播种前还需用70%多菌灵或70%甲基托布津800~1000倍的可湿性粉剂均匀喷洒消毒一次。床播株行距以5cm×20cm为宜，播后覆土3~5cm，浇水覆草保湿。春季气温较低的地区，应在温棚内播种，并尽量采用地膜保温，以提高土壤温度，促进种子早发芽、早出苗（表4.3）。若能保持土温27~30℃之间，空气湿度50%~70%，则效果最佳，种子出苗率最高。播

后至种子发芽以前，要每隔 2~3 天用细喷壶浇水一遍，使土壤保持湿润状态，并及时除去杂草。从播种到出苗所需时间与播种时期有关，且不同种类之间差异很大。如苏铁种子从播种到出苗约需时间 2~3 个月；贵州苏铁随采随播需 170 天以上，而 3 月下旬播种约需 110 天左右，6 月中旬播种则只需 60 天左右。

表 4.3　**播种时间与地膜覆盖对苏铁种子发芽与出苗的影响**（傅瑞树，1996）

时间	处理	始苗天数（天）	30%种子出苗天数（天）	发芽率（%）	成苗率（%）
1994-02-15	覆盖地膜	84	102	64.0	63.7
	对照	98	129	52.7	51.7
1994-03-20	覆盖地膜	65	75	68.0	67.3
	对照	86	106	53.3	53.3
1994-04-13	覆盖地膜	54	63	68.7	68.7
	对照	71	88	62.3	62.3

4.1.4　实生苗的培育与移栽

苏铁种子播后约 40~60 天便会陆续出芽。苏铁种子的出苗期较长，大多数种子播种当年即可出苗，少数种子要到翌年春夏季节才会出苗。不同种类之间差异很大，即使来自同一花穗的种子出苗也有前有后，相差数月也习以为常。苏铁种子萌发时，通常胚轴先伸长形成根系，胚芽随后发育成茎和叶。出苗时，初生叶其数目不定，一般为 1~3 片不等，每片羽叶上的小羽片数目也不定，多为 4~21 片。刚出土小苗的总叶柄被有毡毛，总叶柄顶端伸直或微向外卷，基部无刺状的退化叶。苏铁幼苗出土后，要加强浇水管理，每周浇水 1~2 次，及时清除杂草，但不宜过早翻床移栽。苏铁幼苗抗寒力较弱，易遭霜

冻为害，冬季要注意覆盖保温。1年生小苗通常有15~25cm高，2~4枚小羽叶，翌年起可视实际情况决定是否移栽。苏铁小苗移栽时，要顺次挖起，尽量保持完好的根系。苏铁植物主根发达，一年生小苗通常就会有深达25cm左右的主根。因此，起苗后要对其进行修剪，一般要剪去主根的2/3，并待伤口干后再上盆或下地栽植。

图4-3 盆栽小非洲铁

除了常规的播种育苗外，苏铁也可采用无菌播种育苗，而且具有出苗率高、出苗时间短，小苗长势健壮等优点。无菌播种育苗要选择成熟饱满的种子，经流水冲洗干净后，在0.1%升汞溶液中消毒10~20分钟，取出后用无菌水冲洗3~5次后，接种于添加细胞分裂素、生长素及天然有机物的ER培养基上（表4.4），置室温25~30℃的黑暗环境下培养至种子发芽后，转入每天光照12小时，光照强度1000lx的环境下培养，不久即可发育成苗，发芽率较常规播种有显著提高，通常可达90%以上。

表 4.4　ER 培养基（Eriksson，1965）成分表 *

名　　称	单位	用量	名　　称	单位	用量
硝酸铵 NH_4NO_3	mg / L	1200	螯合锌	mg / L	15
硝酸钾 KNO_3	mg / L	1900	钼酸钠 $Na_2MoO_4 \cdot 2H_2O$	mg / L	0.025
氯化钙 $CaCl_2 \cdot 2H_2O$	mg / L	440	硫酸铜 $CuSO_4 \cdot 5H_2O$	mg / L	0.0025
硫酸镁 $MgSO_4 \cdot 7H_2O$	mg / L	370	氯化钴 $CoCl_2 \cdot 6H_2O$	mg / L	0.0025
磷酸二氢钾 KH_2PO_4	mg / L	340	烟酸	mg / L	0.5
硫酸亚铁 $FeSO_4 \cdot 7H_2O$	mg / L	27.8	盐酸吡哆醇	mg / L	0.5
螯合铁 Na_2EDTA	mg / L	37.3	盐酸硫胺素	mg / L	0.5
硼酸 H_3BO_3	mg / L	0.63	甘氨酸	mg / L	2.0
硫酸锌 $ZnSO_4 \cdot 4H_2O$	mg / L	2.23	蔗糖	mg / L	40

* pH 值为 5.8

4.2　无性繁殖

无性繁殖又称营养繁殖，是利用苏铁营养器官如吸芽、茎干及羽叶等为材料进行繁殖的方法。根据繁殖材料的不同，可分为萌生芽繁殖、顶芽繁殖、老干繁殖、叶片扦插繁殖等多种。萌生芽繁殖是苏铁属植物最常用的繁殖方法之一，通常是用老树干上或根基周围的有一定木质化程度的老萌生芽，直接埋在沙土中，促其生根发芽。如果萌生芽太幼嫩，尚未本质化，则采摘下来后通常是不会生根的。顶芽繁殖即是将苏铁顶芽从树干上锯下来，或依需要将树干上部锯下一定长度，埋入苗床中促其生根长成新的植株。所留下的没有顶芽或没有上部的苏铁树干，只需过一段时间，其周围还会萌生出新芽来。老干繁殖则是将无顶芽的苏铁老干锯成数段，埋入苗床中，促其生根发芽长成新的植株。但埋入苗床前，一定要将锯开的老干，晾晒至锯切面干缩结皮后再用，否则易发生腐烂。叶片扦插繁殖即是以苏铁的叶片为

插穗进行扦插繁殖，但其叶片基部一定要带上一些母干上的木质部。不过苏铁叶片扦插繁殖，成功率还不太理想，生产上应用较少。而根据操作方法则可分为扦插繁殖、分株繁殖、埋干繁殖、压条繁殖、嫁接繁殖以及组织培养繁殖等多种。

4.2.1 扦插繁殖

扦插繁殖是一种最常见的无性繁殖方法，其插穗可以是苏铁的吸芽（蘖芽），也可以是苏铁的茎干或茎块，甚至还可以是叶片，尤其是以吸芽为扦穗的扦插繁殖法，在生产上已得到广泛采用。苏铁扦插繁殖通常又可分为吸芽扦插繁殖、茎干切片繁殖、羽叶扦插繁殖等多种。

(1) 吸芽扦插繁殖

图 4-4 苏铁干上吸芽

苏铁吸芽萌芽能力甚强，特别是茎干或顶芽受到刺激后表现更为突出。这些吸芽可在树干根部至地上部的茎干上年复一年地萌生着。萌生于茎干上的吸芽（图 4-4），通常经过 2～3 年的生长，就可以从母树上切割下来进行扦插繁殖。必要的时候，也可采用人工方法促使苏铁茎干上长期潜伏的侧芽萌发。通常在早春时节，选择晴好天气，当栽培的土壤稍呈干燥时，用利刀剜去铁树顶端正中的主芽，或将整个端部削去，打破植株的顶端优势，从而抑制茎干向上生长，而胁迫干上的潜伏芽萌发形成吸芽。值得注意的是：剜去顶芽或切去顶端的部位，待其创口收干后，要用硫磺粉或石硫合剂涂抹伤口，也可用高浓

度的多菌灵药液涂在伤口上，以防创口感染病菌，造成苏铁茎干烂心。另外，尽量不要让雨水或人工浇水淋着创口，最好用蜡封创口，或用干净的薄膜包裹好创口，防止因创伤处积水造成茎干腐烂。而削下的顶梢剪去叶片后，将其扦插于湿润的细沙中，不久也可生根并形成新植株。诱发苏铁茎干萌生吸芽，还可在期望萌芽的茎干上用利器钻一个小孔，注入一定浓度的生长素（如吲哚丁酸、萘乙酸等）和细胞分裂素，也有明显的效果。这些药剂在一般大城市的综合大药房和化学试剂商店内都有销售，大家不妨一试。

扦插繁殖需根据插穗的不同类型，采取不同的培育方法。以吸芽为例，对只有叶片而未长根的吸芽，将其从茎干上切取下来后，若羽叶数多于 4～5 片，可先剪去 2～3 片，或将每片叶子缩剪去一半后，再将切下的吸芽埋栽于干净的湿沙中，给予半阴，待吸芽基部催生出根系后，再行移栽或上盆；对既无叶片也无根系的吸芽，则必须采取一些特殊的养护措施，于每年 3～4 月间，用利刀切割下吸芽，切割时要尽量少伤及茎皮，待切下的吸芽切口收干后，将其排栽于含有较多粗沙的干净培养土中，或直接埋栽于干净的湿沙中，维持半阴环境，温度控制在 27～30℃之间，周边经常喷水以增加空气湿度，通过约 2 个月的精心培养，吸芽即可生根。但吸芽生根后，抽叶滞后时间较长。为了催促吸芽及早抽生新叶，以利于其自行营养，应根据实际情况为其创造一个黑暗的小环境，以促其萌叶成苗。如在苗床上架好竹片，蒙上黑色塑料薄膜，也可用白色塑料薄膜外蒙黑布或草帘，人为形成一个黑暗的诱导环境，每隔一段时间揭去覆盖物一次，让其通风透气，以防吸芽发生霉烂。揭膜通风透气最好选在天气晴朗的夜晚进行。生根后的苏铁吸芽，通常只需经过一个多月左右的黑暗环境诱导，即可诱生出新叶。新叶抽出后要及时揭去覆盖物，并给予半阴的生长环境，便可培育出较多的小铁树。如果吸芽数量不多，也可将其栽在大花盆中，在盆口蒙上黑色塑料薄膜，或反扣一个花盆，连同排水孔一并堵

严，使之不见阳光，同样可诱生出叶片，待其叶片抽生到约 10cm 长时，揭去黑膜或瓦盆，放于半阴处，以后再逐渐移放到阳光充足处前养。

苏铁扦插繁殖宜在春季进行，且多随采随插。但实际上吸芽切离母株的最佳时间应是冬季休眠期，而切割下来的吸芽通常需要沙藏到 3 月上旬再取出扦插。插前要根据插穗数量决定建床扦插或盆插，插床应设在阳光充足，排水良好，通风无污染的地方。床高 35～40cm，宽 80～100cm，长度要因插穗数量多少而定。床内基质宜用细沙，并经过消毒或者翻晒处理后使用。扦插时应将吸芽或茎干的干基一端插入土壤中，茎块则要将树皮一面朝上埋入土中，微露插穗顶部，切不可倒置。插前若能使用一些生根激素处理，则通常效果更好。插后则要保持土壤湿润，在常温下大约 50～60 天后就会发根长叶。实践证明，吸芽沙插繁殖，生根快，易成活，且很少有腐烂现象。

(2) 茎干切片繁殖

茎干切片繁殖就是将苏铁的茎干截断为茎节进行繁殖，或将茎节分成数片进行繁殖，实际上也是扦插繁殖的一种。其繁殖要求，如选地作床、药物处理、土壤选择、光温管理等与吸芽扦插繁殖一样，所不同的是其管理期较长，且新芽多成丛从茎节或茎节切片上萌发出，数量较多，相互拥挤，经过 2～3 年的生长发育，适合于培养多头苏铁或苏铁盆景。当然也可分期分批将吸芽一一分切下来，再扦插繁育成苗。

(3) 羽叶扦插繁殖

羽叶扦插繁殖是近年试验成功的一种繁殖方法，虽有一些繁育成功的报道，但因其技术要求较高，目前尚未达到推广应用阶段。

4.2.2 分株繁殖

苏铁的分株繁殖就是将苏铁植株根颈部长出的吸芽（图 4-5）生根后，从母体上连根分切下来，重新种植使之成为新的独立植株的一种无性繁殖方法。分株繁殖一般在春季 4～6 月间进行，操作上只需

图 4-5 苏铁茎基部吸芽

将母株根颈周围的土壤松开，小心地把吸芽连根带土从母体上切割下来，并在伤口处涂上 70% 多菌灵粉剂或草木灰，稍晾干后直接地栽或盆栽，一次浇透水并置于荫棚下养护即可。切芽时一定要选好切割部位，要使用利刀或利铲切取，忌用手拉，尽量避免伤及主干，影响母株的正常生长发育。

4.2.3 埋干繁殖

埋干繁殖是扦插繁殖与分株繁殖的一个特例。通常是将生长有吸芽的干基全部埋入土中，待吸芽生根后再与母体分离，使之成为新植株；或把整个植株横倒埋入土中，扩大吸芽生长数量，提高吸芽生长速度，之后或切取吸芽再作扦插繁殖，或将树干切断分株繁殖均可。生产实践中，为提高繁殖效率，也常将苏铁茎干，特别是受损后的苏铁茎干，锯成 10 ~ 15cm 长的小段，竖埋于沙质壤土中，待四周发新芽后，取出干基，并根据新芽生长部位，用利刀劈成片状，再行分栽。必须指出的是，在促发吸芽过程中，浇水不宜过多，否则易发生

茎干腐烂而导致失败。

4.2.4 压条繁殖

压条繁殖是分株繁殖的一个特例。通常先用利刀切割压条茎干下部，涂以多菌灵粉剂，待伤口干燥后，用新薄膜袋套入伤口下部，缚紧，然后反卷上去，内装苔藓或壤土，并填至伤口上方约 10cm 处，再将薄膜袋口收拢缚紧。以后经常喷水保湿，一般 1～2 个月后即可生根，当根系绊紧填充物时将其锯下定植即成一新株。因此法繁殖系数低，故生产上很少使用。

4.2.5 嫁接繁殖

苏铁嫁接繁殖是将一株苏铁的部分营养器官移接到另一株苏铁植株上，并使之愈合生长而成为一棵新植株的繁殖方法，多用于制作苏铁盆景。苏铁的嫁接方法有切接、舌接、上下合接、髓心对接等多种，但目前仅靠接法技术较成熟。

靠接法嫁接宜使用 3～4 年生的苏铁实生苗为砧木，春末夏初挖出待接植株，同时从茎干上切取吸芽，并剪去叶片后作接穗。接着用利刀在砧木和接穗的相对位置分别切出长 4～6cm，宽 3～5cm 的切面，双方保留顶芽，切面深度以茎粗的 1／3～1／2 为宜，然后将双方切口靠拢，至少一面对齐，使切面紧密吻合。用细不锈钢丝捆紧和薄膜袋包裹后，直接栽种到花盆中，置阴凉避雨处莳养，初期要细心照顾，保持土壤湿润，待切口愈合后再连同盆土定植或移到光照充足处莳养。数月后就会形成双头铁树，即可解开绑缚物，转入正常管理。

4.2.6 组织培养

采用组织培养方法繁殖苏铁种苗，多以无菌苗的鳞片、子叶或顶芽为外植体，接种于附加细胞分裂素、生长素及天然有机物组合的 ER 培养基（pH5.8）上，并放置在室温 28℃、每天光照 12 小时、光

照强度 1000lx 的培养室中诱导产生不定芽，然后转入含有萘乙酸 0.5g / L 和吲哚丁酸 0.5g / L 的 ER 培养基中促进生根，通常一个月左右即可形成完整的植株。苏铁不定芽生根较为容易，但根系越长，移栽成活率越低。因此，苏铁试管苗在生根培养之前，应尽量促使球茎增大，尔后再转入生根培养基培养。一旦长出新根，即可进行移栽。但在移栽之前必须加强光照，也可在移栽前 2～3 天将试管苗移至自然光照条件下炼苗。移栽时，应用流水洗净根部的培养基，并用 70% 多菌灵可湿性粉剂 1000 倍液消毒 30 分钟，然后种植于珍珠岩与椰糠等量混合配制而成的移苗基质中培养。栽后要切实加强管理，保持基质湿润，定期喷洒杀菌剂，防止幼苗根系发生腐烂。只要管理措施得当，通常幼苗成活率可达 90% 以上。

5 地栽苏铁的栽培管理

5.1 种植移栽

苏铁原生地多为石灰岩地区，土层浅薄并伴有砾石，伴生阔叶树种和蕨类植物，含一定的腐殖质，土壤呈酸性，通气透水性良好，形成了性喜阳光、喜通风良好、喜温暖，不耐寒，喜深厚肥沃排水良好的砂质壤土，不耐水渍的特性。因此，种植场地多选择温暖湿润，光照充足、排灌方便、含腐殖质较多的微酸性砂壤土为好。种植前，要翻土作畦，畦宽 100～120cm 左右，高 20～25cm。南方黏重土壤栽培苏铁应拌入 1／3～1／2 的细沙或经水洗浸泡脱碱的煤渣土，以改善土壤的通透性。北方地区土壤多偏碱，整地时应掺入适量的硫酸亚铁、硫酸铝或硫磺粉，将土壤 pH 值调至 5～6.5 之间。栽前最好要对土壤进行严格的消毒，并施足以过磷酸钙和饼肥为主的基肥，必要时还可每亩加施硫酸亚铁 5～6kg，以增加土中的铁营养的含量，利于苏铁的生长和发育。

地栽苏铁春秋两季均可，但以早春新叶未抽时的 4 月下旬至 5 月上旬最适。栽植密度应视植株大小而定，以成株后叶片不显得拥挤为宜。但也常采用先密（植）后疏（植）的方法，即中小苗期阶段种植密些，株行距 50～60cm × 50～60cm，待长大拥挤时，再移走一半植株，改为蛇形定植，以提高土地利用率。栽时若为无根无叶的苏铁球，则应事先进行严格的消毒，且最好应先在砂床上种植一段时间，待新根萌发后再下地栽培。若移栽的是大树老树，则首先要选择好移栽地点，事先挖好大穴，并填入疏松肥沃的土壤，然后再起树移栽。不论距离远近，都要带好完整土球，尽量不损伤或少损伤根系，并视

具体情况疏剪去少量羽叶后再定植，减少水分的蒸腾散失。栽时不宜过深，以覆土至根颈处为宜，栽后及时浇透水 1 次，使根系与土壤紧密结合，促使其尽快恢复生长。有条件的地方，还可结合种植施入少量的植物生长调节剂，如 2、4 - D、920 或生根剂等药物，促进大树老树萌生新根，早日恢复生机。苏铁栽后常有叶色褪绿现象发生，此属正常现象，会随新根生长得以逐渐恢复。

5.2 光温管理

苏铁喜光，但不耐烈日灼晒，尤其是新叶，稍不留心，就会被烈日灼伤枯黄。但若光照不足，又会导致新叶柔弱细长，小叶宽薄，观赏价值降低。因此，新叶抽生期间最好能使植株既能避开烈日曝晒，又能接受到充足的阳光。

苏铁原生热带、亚热带温暖干燥地区。我国南方基本能满足其对温度的需求，只要冬季气温不降到 0℃以下，霜期短而又能对顶端生长点稍加保护则无论户内户外种植均宜，甚至有报道认为，冬季短暂的 - 5℃低温对其影响也不大，但不同各类之间有所差异（表 5.1）。

表 5.1 苏铁植物已知的最低生存记录*

种 类	最低生存记录（℃）
裂叶苏铁 *Bowenia serrulata*	- 3.2
波温苏铁 *Bowenia spectabilis*	- 5
Ceratozamia hildae	- 6.6
Ceratozamia kuesteriana	- 7.9
刺苏铁 *Ceratozamia mexicana*	- 3.7
拳叶苏铁 *Cycas circinalis*	- 5
贵州苏铁 *Cycas guizhouensis*	- 8.1

（续）

种　类	最低生存记录（℃）
大果苏铁 *Cycas megacarpa*	−6.7
攀枝花苏铁 *Cycas panzhihuaensis*	−7.1
篦齿苏铁 *Cycas pectinata*	−3.3
苏铁 *Cycas revoluta*	−7.2
刺叶苏铁 *Cycas rumphii*	−1.3
台东苏铁 *Cycas taitungensis*	−6.1
台湾苏铁 *Cycas taiwaniana*	−4
刺叶非洲铁 *Encephalartos ferox*	−5.1
合意非洲铁 *Encephalartos gratus*	−5
海德非洲铁 *Encephalartos hildebrandtii*	−1.8
雷曼氏非洲铁 *Encephalartos lehmannii*	−5.3
奈特非洲铁 *Encephalartos natalensis*	−5.9
柔毛非洲铁 *Encephalartos villosus*	−5
摩瑞苏铁 *Macrozamia moorei*	−5.8
托叶铁 *Stangeria eriopus*	−2.2
安氏泽米 *Zamia encephalartoides*	1.1
费切尔泽米 *Zamia fischeri*	−4.1
佛州苏铁 *Zamia floridiana*	−5.1
美洲苏铁 *Zamia pumila*	−5
罗氏泽米 *Zamia roezlii*	1.1

* 表中数据系从因特网上的资料整理出来的，系物种在特定的环境条件下的表现，仅供参考，实际栽培中需结合具体情况灵活使用。

5.3 水肥管理

苏铁耐干旱，忌积水，喜湿润的土壤。旱季需适时浇灌以补充水分，雨季或栽植地势低洼时，应注意开沟排水，防止土壤积水。盆栽苏铁浇水则应见干见湿，1～2 天浇水 1 次，高温炎热季节，可定期用水喷洒叶面，保持叶色浓绿。苏铁喜弱酸性环境与铁素营养，因此，浇水时若能定期添加 0.2% 的 $FeSO_2$ 则效果更好，这对北方地区栽培苏铁非常重要，可保证土壤不因长期浇灌硬水而导致植株出现过碱化缺铁症。

苏铁生长缓慢，对肥料的需求量既不太大，也不太集中。通常情况下，只要栽植前施足基肥，两三年换盆 1 次盆或追施 1 次有机肥，平时不施肥也能生长良好。但要注意的是，肥料中要保证有足够的磷、钾肥含量，尤其是钾元素，它参与苏铁体内多种代谢活动，是数十种酶的活化剂，对叶片增绿、茎杆伸长增粗、增强植株活力，都有举足轻重的作用，但过量也会适得其反。肥料中氮、磷、钾的比例以 1:1:2 为宜。但苏铁的生理结构不同于被子植物。被子植物中水和养分的上传下达由“导管”执行，导管的长度因植物不同可为数厘米至数米，传输效率高，植物生长也快，而苏铁执行传导功能的是一种梭形管细胞，一般长为 0.1mm 至数毫米不等，各以先端贴合纵向排列，水和养分通过细胞壁上的微孔从一个梭形管细胞传到另一个梭形管细胞，径小，流速慢，因此，苏铁植物对水肥反应也就显得十分迟钝，需要均衡持续的水肥供应，不可掉以轻心。虽然说较长时间的水肥供应间断常一时看不出有什么不良反应，但潜在损害是很大的，因此，不论是地栽还是盆栽，施足基肥十分重要。

除基肥外，苏铁中小苗生长期若能每月追施一次有机液肥，可使叶色浓绿，富有光泽，生长更健壮。而成年开花植株需肥量较大，通常需在早春开花之前在树干周围开沟追施一次有机肥及适量的过磷酸

钙与硫酸亚铁；5～6月授粉后种子发育期间再视植株生长情况酌情追肥1～2次尿素或复合肥，但应采用穴施，避免伤及表土层的菌根，也可用0.1%浓度稀释液进行根外施肥，促使种子发育饱满；10～11月种子采收前后再追肥1次，以补充营养，防止树体衰退。

此外，苏铁植物对铁营养有一种嗜好性，适当增施铁肥，可有效提高植株的抗逆性，减少黄叶、茎腐、根腐等生理性病害的发生机会，促进植株的健壮生长。铁肥可作基肥，也可作追肥，但浓度一定要掌握好。追肥以新叶生长期使用效果最好，通常以0.2%的硫酸亚铁溶液浇施，先是每周1次，1个月后改为每隔半月或1月1次，常有较好的效果。

5.4 修剪

苏铁修剪宜选择天高气爽、空气干燥的秋季进行，病虫叶、褪黄叶、畸形叶、干瘪叶以及3～4年生的老叶都要及时剪去，以减少养料的消耗。而修剪下来的叶片则要及时集中烧毁，避免成为病虫越冬场所。但若植株叶片数量较少，则只应修剪掉枯萎叶片，留下那些还有绿色的叶片，待来年新叶长出后再作修剪，切莫将叶片全剪掉，否则对翌年植株生长不利。修剪时叶柄不要留得太长，剪口要用利刀削平，必要时还可用草木灰或凡士林封口，防止细菌感染导致腐烂。修剪叶片前后的两三天不要浇水。修剪后一周内，若遇雨天，则应及时采取遮雨措施，或将苏铁移入室内，或用塑料薄膜遮罩，避免雨水浇淋导致的伤口腐烂，从而影响植株的正常生长与开花。修剪不仅可使苏铁保持良好的观赏效果，而且还可以促进吸芽的萌发，减少病虫的危害。因为苏铁叶片密集，一旦遇到施肥不当，土壤瘠薄，阳光曝晒，冻害或积水等情况，就极易发生叶枯病，叶斑病，或受介壳虫危害，使叶片逐渐枯黄，大大影响观赏效果。

5.5 防寒防冻

苏铁喜温怕冻，冬天气温长期处于0℃以下的地区，需将苏铁移入冷室（室温7~10℃）或用稻草包扎才能安全越冬。生产上多采取搭架保温越冬，家庭栽培则可在立冬前后，先给苏铁浇足水，3天后用塑料薄膜覆盖其根盘，范围与冠径大小等同。然后在薄膜上覆盖一层5cm厚的土壤。这样只要冬天气温不低于-5℃，苏铁即可安全越冬。若温度低于-5℃时，可再用草绳将整个树冠束扎起来，避免低温冻害。待来年春分前后去土、解绳、揭膜，转入正常管理。无论是在室内越冬，还是在室外搭盖保温棚，都应每天让其接受一定时间的光照。对根系尚不发达的较小苏铁，也可将全株挖起，集中挖沟栽培，上架塑料膜温棚，中午晴暖时通风，傍晚冰冻时密封。平时土壤保持半干半湿、稍偏干为宜，遇冰冻之日，切忌过多浇水。

6 盆栽苏铁的四季管理

6.1 春季管理

苏铁植物形态优美、四季常绿，各地常盆栽观赏。盆栽苏铁春季管理十分重要，管理水平的高低直接影响到当年植株的生长发育状况。

6.1.1 上盆与换盆

从生产上来讲，盆栽苏铁宜用土瓦盆、浅盆，尽量不用大盆、深盆。因为浅盆种植苏铁能突出苏铁的茎干，给人以高大的视觉感受，且叶片硬挺的感觉就会弱一些。另外，浅盆盛土少，可抑制叶片徒长。但要使盆栽苏铁具有较高的观赏价值，则常常需要“量身定制”。原则上讲，虽然只要盆底有出水孔，什么样的花盆都可使用，但从观赏角度来看，用盆还需要注意花盆的造型与质地是否与植株相协调，在特定的环境下能否取得和谐统一。常用的有瓦盆、陶盆、塑料盆、彩釉盆、木桶等，盆栽培育苏铁宜用瓦盆和木桶，装饰布景则需根据植株大小和装饰场所等具体情况而定，小型植株以陶盆、塑料盆、彩釉盆为宜，大型植株以陶盆和木桶较好，必要时还可外配玻璃钢套盆以提高装饰效果。

盆栽苏铁对土壤的要求远比地栽严格，因为花盆体积有限，植株生长期又长，一方面要求盆土要有足够的营养物质，另一方面又要求有一定的保水力和良好的通透性，因此，常用泥炭土或腐殖土加适量河沙和少量骨粉或多元复合肥混合调配而成，也可用菜园土、腐叶土和塘泥加适量腐熟有机肥或多元复合肥混合调配，并调整 pH 值至 5 ~6.5。如盆土过酸，则掺入适量石灰粉或草木灰，反之，盆土偏碱，则可加入适量的硫磺粉、硫酸铝或硫酸亚铁，对少量培养土也可通过

提高腐叶土或泥炭土的混合比例来降低 pH 值，以满足苏铁生长发育的要求。用前盆土还需进行消毒处理，或将盆土放入适当的容器中隔水蒸煮消毒 1 ~ 2h，或将 100 ~ 120℃的蒸气引入土壤消毒 40 ~ 60min，或先用 40%福尔马林均匀喷撒盆土，每立方米用量 400 ~ 500mL，然后再堆积盖膜消毒至少 48h，或先将盆土堆积起来，并在土堆上方穿孔数个，然后按每立方米 3.5g 的用量将二硫化碳注入孔洞，并用稻草盖严消毒 48 ~ 72h，均有良好的效果。栽时要先用两块碎瓦片以“入”字型方式垫在盆底排水孔上，最好能在盆底放 1 层约 3 ~ 5cm 厚的石子，卵石或粗石均可，然后再添土栽苗。栽时要注意覆土深度，以刚过根颈部为宜。栽后要及时浇足定根水，并置于庇荫处莳养 1 ~ 2 周后，再逐渐增加光照强度，通常 1 个月后即可转入正常管理。

盆栽苏铁植物一般先在大田培育至适宜盆栽观赏时，再带土移栽上盆。但上盆 1 ~ 3 年后，常会出现浇水难以下渗，盆土上升，浮根或盆底穿根，叶片泛黄，生长不旺等现象，需要及时换盆或换土种植。通常情况下，小苗阶段的苏铁 1 年换盆 1 次，中苗 2 ~ 3 年换盆 1 次，大苗 4 ~ 5 年换盆 1 次。换盆宜在早春未发新叶、气温稳定在 15℃左右时进行。花盆可逐次加大，保持与植株大小的协调。换盆时要把植株周围的土壤压实，中大苗还应去掉朽根与部分宿土，但不可弄破土坨。栽后土面要比盆沿低 3 ~ 5cm，以确保有适当的浇水空间和根系扩张余地。如果盆栽苏铁好几年没有换盆或不宜再换更大的花盆时，则要在每年的春季进行盆面换土，去掉表层 3 ~ 5cm 深的陈土，换入新鲜培养土，同时追施适量的长效肥或缓效肥。定期换土可补充养分，保证植株正常生长发育的营养需求。但盆栽苏铁更换表土切忌过深，避免伤及表层菌根，导致生长停滞。

6.1.2 适时出室

在我国许多地方，盆栽苏铁冬天常需入室莳养，直到翌年春暖花开时再迁移出室。春季苏铁不宜过早出室，一般宜在气温稳定在

15℃以上后进行，避免早春寒冷空气的侵袭，造成难以恢复的伤害。出室后要加强管理，一般宜先放在背风向阳处养护，在防止低温伤害的同时，还要避免早春干风吹袭，导致植株脱水枯死，直至 2 ~ 3 周后再转入正常管理。

6.1.3 水肥管理

春季随气温升高，植株体内树液流动逐渐增加，通常应逐渐增加浇水次数与浇水量，保持盆土湿润，并在早春开花之前追施 1 ~ 2 次腐熟有机液肥及适量的过磷酸钙与硫酸亚铁，以促进植株提早萌生新叶，保证植株正常生长发育的营养需求。

6.2 夏季管理

夏季是苏铁的生长发育最快的季节，日常管理是否到位将直接影响到苏铁新叶萌生的时间、数量与植株的生长形态，以及适龄植株的开花时间、花球的发育水平和授粉结实率的高低。

6.2.1 光温管理

苏铁喜光照充足、温暖湿润的栽培环境，四季均需放在光照充足处养护，尤其是夏季新叶萌生时更应有充足的光照条件，避免因光照不足导致新叶柔弱细长，小叶宽薄，观赏价值降低。但新叶见光要适度，切不可长时间在烈日下爆晒。同时，苏铁新生叶有很强的趋光性，发叶期间应每隔两三天将种植盆原地旋转 180°，直至叶片定型、色泽由浅（绿）变为深（绿）时止，以确保新叶健壮生长，获得整齐美观的观赏效果。这对家庭阳台养植苏铁尤为重要。此外，盆栽苏铁多作室内装饰使用，虽说它有一定耐荫性，但若长期处在庇荫条件下，对其生长也十分不利，因此，室内连续陈列最好不超过 3 ~ 4 周。轮换出来的植株不要立即放置在强光下莳养，宜逐渐增加光照，让其慢慢适应，逐渐恢复生机。

6.2.2 水肥管理

夏天气温较高，苏铁生长也较旺盛，水肥需求也较大。盆栽苏铁晴天基本上每天都要浇水1次，浇水以早晚为宜，空气干燥时常还需进行叶面喷水，提高空气相对温度，雨天则要防止盆土积水，直到霜降前后再逐渐减少，保持间干间湿的状态。施肥应以充分腐熟的稀薄人粪尿、饼肥水和多元复合肥为主，第1次宜在第1轮羽叶生长整齐且稍老化时施用，以后视植株生长情况再追施，一般1年施肥4次即可。施肥时若能添加0.2%～0.5%硫酸亚铁，则效果更好。但也有报道认为，苏铁在正常生长过程中，需要连续性的养分供应，应每月追肥1次。有叶15片以上的植株，每月应淋施复合肥75～100g、腐熟花生麸150～200g、硫酸镁2～3g、硫酸锌1～3g。同时，每隔半个月叶面喷施0.1%硫酸镁、0.1%硫酸锌、0.2%尿素、0.3%磷酸二氢钾混合液1次，喷时要达到水珠从叶片流入叶腋状态为宜。

6.2.3 适时切除花序

盆栽苏铁生长到一定年龄后，只要水肥管理到位，植株生长健壮，同样会年年开花或隔1～2年开花1次。通常情况下，苏铁雄球花有1个月左右的开花期，花后则要适时切除花序，不要让凋谢后的花序长时间着生于茎顶，避免株体养分过量消耗，妨碍顶端叶丛的萌发，致使植株逐年老叶枯黄，叶丛不齐，且斑黄斜垂，树体衰弱，从而影响其欣赏价值。切除雄球花通常应在6月底7月初球花凋谢时进行，切时要用严格消毒过的利器将花序全部切除，但不要伤及茎顶组织。花序切除后若伤口处有黏稠液溢出，则应及时敷抹硫磺粉或干草木灰防腐，并避免雨淋导致茎顶腐烂。

6.2.4 病虫防治

夏天苏铁生长旺盛，病虫发生也较多，常见的有红蜘蛛、介壳虫、麻蟑象、白斑病等，均需要及时喷药防治。喷药要均匀，要特别

注意喷洒叶梗、叶腋等多处害虫喜欢栖息的地方。

6.3 秋季管理

秋季降雨量少，气候干燥，如果管理不当就会直接影响到植株翌年的生长，导致叶片萌发推迟、叶片数减少、新叶细薄等不良现象发生。

6.3.1 施肥

人秋后，大多数地区虽然铁树不再萌发新叶，转入营养积蓄生长期，但对各种营养的需求并没有停止，若能在初秋继续追施 1 ~ 2 次肥料，特别是促进新生组织成熟的磷肥和提高抗逆性的钾肥，则对植株越冬防寒、促进翌年新叶抽生十分有利。盆栽苏铁秋季施肥宜多用多元复合肥、腐熟饼肥、草木灰或土杂肥，少用或不用含氮较高的化肥。追施复合肥时，可先将根部四周外围浅层土翻松，然后把碎土块暂时归拢在植株基部，施肥后再将其回覆盖好，然后浇水。盆内土浅的，也可先施肥后覆盖。每盆施量 80 ~ 150g。施用饼肥时，应先将饼肥捣碎，加水化成糊状后，再用水稀释浇施。如果用的是当年的饼肥，则需将饼肥水搁置数日至数周待发酵后方可使用。草木灰和土杂肥则宜拌入少量富含腐殖质的砂壤土后，直接覆盖于盆土表面即可。南方热带和亚热带地区气温较高，夏末秋初盆栽苏铁常会萌生第二轮叶片，因此，入秋后还得追施 1 ~ 2 次氮肥，如尿素、碳酸氨等，秋末追施 1 ~ 2 次过磷酸钙、腐熟饼肥、草木灰或土杂肥，以促进新生叶成熟，提高植株的抗逆性。盆栽苏铁追施尿素，可不必松土，每盆用量 30 ~ 50g，施后用水浇化即可。而碳酸氨多与过磷酸钙按 2：1 混合调配，随配随用，每盆用量 100 ~ 150g。

6.3.2 浇水

铁树虽有较强的抗旱能力，但秋季天气多干燥，盆土过干常会使叶片干瘪下卷，植株神采顿失，甚者还会发白枯死，故当盆土表层发白时就需浇水，每次浇水都要浇透，不可浇半截水。通常摆放于向阳

处的植株2～3天就可浇水1次，半荫处的可3～4天浇1次。盆土少的适当增加浇水次数。浇水的同时，可在盆土表层加放少量锈铁、碎铁，或定期在水中添加0.2%～0.5%的硫酸亚铁，以保持叶色滋润、鲜绿而有光泽。但秋末要控制浇水，保持盆土偏干一点为宜。

6.3.3 修剪

盆栽苏铁因受限于土壤，一旦叶片生长过密，或施肥不当，或营养不足、或盆土积水，叶片都极易发生黄化，需适时加以修剪。盆栽苏铁的修剪宜在立秋至寒露时节进行，此时秋高气爽、空气干燥，修剪后留下的叶柄容易收缩，不易流胶。但若修剪当晚或次日突然下雨，应立即将植株移至僻雨处，或用塑料薄膜遮罩，避免雨淋导致伤口腐烂。

6.4 冬季管理

苏铁喜温暖气候，不太耐寒。盆栽苏铁因受土壤限制，根系分布较浅，耐寒能力更差，易发生冻害，故在冬天气候寒冷的地区，苏铁要入室或遮盖保温材料越冬。入室越冬的植株可在原有盆土的基础上加些新土，入室后要摆放在温暖向阳处莳养，并定期转盆，避免形成偏冠，降低观赏效果。而室外遮盖越冬的植株则需在盆面上铺一层碎稻草之类的杂物。不论是入室越冬，还是室外遮盖保温越冬，盆土都要保持偏干些，一般1周左右浇水1次即可，且不要追施任何肥料，防止根系腐烂。而入室越冬的个体，若室温超过15℃，可适量追施1～2次稀薄肥水，但次数不宜过多，盆土也不可以完全干透，只要不太湿就可以。此外，要使盆栽苏铁顺利越冬，还需要注意通风和定期接受一定时间的光照，避免因光照不足或通风不良导致叶片黄化或枯焦。倘若在越冬期间发生叶片黄化，则应逐步进行分批修剪。通常第一次只能剪去先端的1／3，两个月后再剪去1／3，留下1／3需等到翌春新叶抽长整齐后再剪除，避免因一次修剪到位导致根部养分无法正常输送到茎叶上来，滞留在茎部过多而发生霉烂，进而威胁到植株的生存。

7　苏铁盆景的制作要点

苏铁盆景既可观叶，又可赏姿，其生性强健，容易莳养，尤其是那些造型优美、叶色浓绿有泽、端庄典雅、奇秀隽永的作品，深得盆景爱好者的钟爱。

7.1　苏铁盆景的常见形式

苏铁盆景造型多样，常见的有卧干式、斜干式、悬崖式、枯干式、多头式、附石式、露根式和丛林式等多种。卧干式盆景似雷击风倒之木，仍倔强生长；斜干式盆景主干倾斜一侧，枝叶分布自然，动势均衡；悬崖式盆景干枝悬垂，示人以顽强不屈精神；枯干式盆景树干苍老，然枝叶繁茂，犹如枯木逢春；附石式盆景树石一体，大有屹立于山岭之势；露根式盆景盘曲多姿，龙盘虎踞，别具一格；而丛林式盆景树势繁茂，三五成景，一派生机盎然。

7.2　苏铁盆景的制作要点

7.2.1　卧干式

卧干式盆景多以干高与茎粗比达 4:1 以上的苏铁植株为素材。制作时要先剪去顶叶及部分根系，保留造型需要的吸芽，然后横栽于盆中，并用 70% 多菌灵可湿性粉剂 100 倍液拌土和成的泥团覆盖凸起的根系和茎干基部。随着苏铁的生长，主干发生弯曲，并在其上萌生数量不等的吸芽，根据造型需要选留。数月之后，吸芽抽出新叶时，逐次用水冲掉盆面泥土。

7.2.2　斜干式

制作斜干式盆景要先去除顶芽及叶片，并对切口进行严格消毒

后，将植株斜栽于盆中。如盆景造型需要长芽的部位没有需要的吸芽时，可将干上吸芽去强留弱，促进新芽萌生。数月后视新吸芽萌生情况选留数个符合造型需要的个体，经过细心培育，当年即可成型。

7.2.3 悬崖式

制作悬崖式盆景常以高15cm左右的苏铁为材料，先将多余小根剪去，理直粗壮根后埋入小而深的铅筒盆中。翌年春季再将其取出，剪去叶片及干基部的细弱根系，同时，中上部的侧根也要一并剪除。然后，将保留下来的根系下部弯曲，树干悬于盆外栽植，根部要尽可能地用土盖严，茎部则要绑缚固定。栽后先在庇荫处养护，1个月后逐渐增加光照，4个月后去土松绑。

7.2.4 枯干式

制作枯干式苏铁盆景通常需将苏铁干上的鳞叶成片去掉，并在造型需要的部位挖孔洞若干，孔深通过不超过干径的1／4。对切口进行严格消毒或将伤口在太阳光下晒干至其边缘收缩后上盆种植。栽后先放置在庇荫处养护，一个月后逐渐增加光照，浇水见干见湿，不久茎干上就会长出许多吸芽。从中选留数个符合造型需要的，加以精心养护，很快即可成型。

图7-1 多头式苏铁盆景

7.2.5 多头式

多头式盆景（图7-1）（彩页13）

是苏铁盆景中最常见的造型之一。苏铁顶芽有极强的顶端优势，要将单干的苏铁植株培育成多头造形，关键是要切除顶芽，通过内源激素在茎顶的重新分配，诱发吸芽萌生，并从中选留数个符合造型需要的吸芽，经过数月的精心培育即可形成一盆造型别致的多头式苏铁盆景。

7.2.6　附石式

附石式苏铁盆景（图 7-2）是将苏铁茎干或夹于石内，或坐于石上，将根系理直后沿石缝埋人土中，并培土至茎干的 1／3 处。翌年春天，再逐渐冲去盆面上土壤，露出石头与上部根系即成。

图 7-2　附石式苏铁盆景

7.2.7　露根式

制作露根苏铁盆景关键是要将苏铁主干扎成需要的造型，或曲、或直、或斜均可，然后栽入深盆中莳养。待翌年春天取出，除去根部土壤、茎上叶片及多余的根系后，重新上盆栽培，培土固定植株或用木棒支撑，置庇荫处莳养，1～2 个月后再转入正常管理，数月之后待根系发育完整，植株固定后，再浇水冲去根部覆盖的土壤。

7.2.8　丛林式

丛林式盆景是将多株大小不一的苏铁合栽于一个盆景盆中。一般可两株合栽，一大一小，直斜呼应。也可三株合栽，大株居中，小株

左右呼应。如五株合栽，则宜分两组种植，高低参差排列，形成遥相呼应的造型。丛林式盆景要注意构图艺术，两株合栽，个体间在姿态、动势、大小等方面要有明显差异，才能呈现生动活泼的景象；三株同盆忌直线排列或等边三角形布置，高与矮要靠近，高者直，矮者斜，中者远，直者抑。四株或四株以上组景，要多方面求异，既要层次分明，又不能显得拥挤。

在苏铁盆景制作过程，通常需要综合运用各种技艺与造型，如丛林式盆景，也可以有枯干、提根、劈干和附石等造型，而斜干式盆景也可视造型需要采用提根、劈干或附石等技艺，并可添加人、物、小品等，以提高苏铁盆景的艺术性与观赏性。

7.3 苏铁盆景的制作技术

虽然苏铁盆景造型多样，制作技艺也不同，但有许多技术方法是通用的，包括伤口防腐、促叶与控长、叶片造型、修剪整形、多头造型等。而要制作一盆优秀的苏铁盆景，往往需要综合运用各项技术才能获得理想的效果。

7.3.1 伤口防腐

制作苏铁盆景，不可避免地会造成一些伤口，但伤口应尽可能小些，并及时加以处理，防止发生流胶，甚至腐烂。通常是在伤口处涂上多菌灵粉或草木灰，在根部保湿的情况下，将伤口在太阳光下晒干至其边缘收缩后再上盆种植，也可先用0.2%高锰酸钾溶液消毒伤口，接着用木炭粉或草木灰撒敷伤口，放置于单层遮光网下，晾晒2～3天，促使伤口结痂。如果伤口仍有汁液流出，则可用0.2%高锰酸钾溶液消毒两次后，再蜡封伤口，或用干净的黏性黄泥巴揉搓成团后封口。盆土要严格消毒，或经烈日暴晒数日灭菌，或用0.1%～0.3%高锰酸钾溶液浇淋消毒。栽后浇水要宁干勿湿，特别是新根未长出前应避免雨淋。

7.3.2 促叶与控长

切顶或造型后的苏铁，通常可以采用遮罩法促其尽快抽生新叶。遮罩法即是用黑布或黑色塑料薄膜遮罩无叶的苏铁植株，并放在蔽荫处莳养，使其在黑暗环境中，伤口快速愈合，生根，进而长出新芽。少量栽培时也可用倒扣瓦盆法，促进潜伏芽萌发，待真叶出现后再转到光照充足处莳养。而从观赏角度看，苏铁盆景叶片要短小，这需要采取一系列相应的控长措施。常用的控制叶片生长方法有两种：一是长叶期控水栽培，此法虽能令羽叶缩短，但不好掌握，若过分干旱则易导致小羽叶发黄，影响观赏效果；二是用 50% 矮壮素 200 倍液涂抹在初生叶的叶柄，重复进行 3 ~ 4 次，常有良好的效果。此外，上盆种植时若将茎干完全露出土面，并结合适度控水，偏施磷钾肥，也常能取得良好的控叶效果。

7.3.3 修剪整形

一是及时剪去多余的根，切除茎干上多余的吸芽，并在新叶开始萌发时，及时剪去老叶；二是对叶片进行攀扎造型。为了提高苏铁盆景的观赏价值，人们常对叶片进行造型处理，使其自然向内弯曲，形成“羊角式”。叶片造型常用细铜丝或细铅丝进行攀扎，通常选择新生嫩叶，一端固定在刚抽叶片的顶端，慢慢地朝下向内侧弯曲，直到达到需要的弯曲度为止，并将另一端固定在叶柄的基部上，待到 1 ~ 2 个月后基本定型时再拆除攀扎物。但攀扎要小心，切勿用力过大，以免损伤或拉断嫩叶片。也可将茎干上的老叶全部剪除，待新芽露出时，用铝线缠绕新叶芽，诱导其按设计好的形态发育，定型后再解除铝线。甚至有报道说，只要将苏铁剪叶后用浅盆种植，严格抑制根部纵深生长，也可使新生叶自然卷曲。此外，若因造型需要在某特定部位萌生新芽，则可用 75% 的酒精消毒该处的鳞茎后，用消毒过的粗针略为挑拨一下，然后注入 20 000 倍液的“920”溶液，即可达到促

发新芽的目的。但不论采取什么方法，造型期间都要严格控制浇水与施肥，一般从新叶萌动开始，就要开始控制水分，更不要施肥。若盆土过干，嫩叶稍有萎蔫时，可浇水少量，且应在早晨日出前浇水。如遇梅雨季节或连日阴雨，则要入室莳养或采取必要的遮盖措施。新叶弯曲时，每周喷洒一次浓度为0.1%～0.3%的矮壮素溶液，连续3～4次，促使弯曲的新叶矮化，并能增加叶色的浓绿，提高观赏效果。

7.3.4 多头造型

培育多头苏铁，最常用的方法是断头切顶。断头切顶一般在春季进行，切顶前至少一个月不要浇水，也不要让雨淋，以利于切顶后伤口早日结疤。切顶时将苏铁植株从地上挖出，剪去叶片和老根、枯根、烂根，先在0.1%～0.2%的高锰酸钾溶液浸泡20min，捞出晾干后，再用消毒过的利刀切除顶芽，并削去基部老皮，切口涂上防腐剂后重新上盆种植。苏铁切顶后，可促进内源激素在体内的重新分配，刺激分生组织形成，从茎干上分化出新芽。切顶一定要到位，必须切到纤维组织的髓心部。如切顶过浅，顶芽细胞组织没有清除干净，仍可继续分化萌芽，并产生顶端优势，很难达到多头的目的。

断头切顶芽后的植株，要加强管理，细心养护。一要遮罩黑布，或黑色塑料薄膜，或倒扣瓦盆，使其在黑暗环境中，伤口快速愈合生根，进而长出新芽。二要保持适当干燥，除上盆后浇足定根水外，平时要严格控制浇水，避免浇水过多，湿度过大而影响生根。特别要防止伤口淋水，导致切口腐烂。三要小心施肥，通常新根长出后，可结合浇水追肥，但要薄肥勤施，促进新芽生长。施肥时要避免溅污新生叶，防止新叶受损。四要“固位”莳养，重新种植断头后的苏铁植株，一定要固定位置养护，不要随意搬动，保持环境相对稳定，以提高嫩叶的适应性，确保其正常生长。五要及时抹芽定头，新株发芽稳定后，要及时抹除过多、弱小、位置不当、畸形的吸芽，并根据造形的需要，适当保留几个健壮饱满的芽，作为多头培育。以后随着植株

的生长发育，定期换盆换土，进行正常的养护管理。

除此之外，常用的方法还有斜栽法、烙伤法、拼接法、凿伤法、分干法、装配法、连球法、双胚体法以及组织培养法等多种。斜栽法就是将苏铁树干与地面成45°左右斜植，次年根颈部常会长出很多小球，可据造型需要选留培育成多头苏铁。烙伤法则是将苏铁顶芽用烙铁烫伤，数月后就会从基部长出许多小球，经过逐年雕琢也可成为多头式盆景。拼接法是将2个或2个以上的具有完整顶芽的小苏铁，用利刀斜切去1／3的茎干侧面，再将切口对接在一起（同嫁接法），用塑料条缚紧，经愈合而成。分干法则是将树干横锯或斜锯成几段后，再纵劈成块状，切口向下横埋或斜埋于沙床上，经过细心养护，切块上会萌生出许多吸芽，从中选留造型需要的个体再加以继续培育。连球法则是直接挖取老树干上的连生小球栽植而成。而应用组织培养技术培育多头苏铁，据说效果十分良好，但因技术尚未公开，具体情况还不太了解。

7.4 苏铁盆景的上盆与养护

苏铁盆景通常宜用较浅的陶釉盆，浅绿色、淡黄色、深紫色均可，椭圆形或长方形效果较好。盆土宜用酸性或微酸性的砂质壤土，也可用腐殖土或经风化的塘泥土7份，掺拌沙2份、腐熟饼肥1～2份而成的培养土。上盆时要结合造型，确定好栽植的角度和位置。

平时，苏铁盆景宜放置于阳光充足、温暖湿润、通风良好的地方莳养。夏季需适当庇荫，冬季置于室内，室温最低不要超过0℃。春夏生长旺盛期间，宜经常保持盆土湿润，但不可积水。酷暑高温时节，还应经常往叶面喷水。冬季休眠期间，盆土宜适当干燥些，避免引起烂根。施肥以氮、钾为主，可用腐熟的饼肥水或人粪尿，而且要掌握薄肥勤施。若在肥料中加入适量的硫酸亚铁，则效果常会更好，可使叶色变得深绿而富有光泽。但新叶抽出30天内不要施肥，以控

制叶片生长。此外，每隔 2~3 年还要翻盆换土一次，换盆时要剪掉坏根烂根，并换去大约 2／3 的宿土，培以新的肥沃培养土。此外，为保持良好的观赏性，苏铁盆景的适时修剪，特别是多头苏铁盆景的叶片修剪非常重要。通常可在每年的清明时节，剪掉全部叶片，促发新叶生长，但抽叶后切勿碰伤，避免叶片畸型。抽叶整齐后，也可根据造型需要适当抽剪部分生长过旺，不符合造型需求的叶片。修剪应求有层次，有空间，疏密结合，左右开张，这样既能让苏铁叶片短促，叶针稠密，又能达到好的观赏效果。

8　常见病虫害及其防治

苏铁是我国传统的观赏植物，危害苏铁的病虫害较多，其中最为常见的病害有斑点病、叶枯病、炭疽病、流胶病、煤烟病等，常见的害虫有介壳虫、灰蝶、白蚁、螨象等，其中危害最重的是灰蝶，其次是白蚁。

8.1　病害

8.1.1　茎腐病

苏铁茎腐病系由半知菌亚门的球色单隔孢菌侵染而诱发的真菌性病害。病菌以菌丝体于病残叶内越冬，于翌年条件适宜时产生孢子，从叶基部伤口、虫口处侵入，一年四季均可发生，以雨季为重，高温、高湿、易受雨水冲刷、积水及近路边的植株易感病。病变多从近地面开始，先是病部输导组织变为褐色，周围组织变为粉褐色水渍状，组织疏松如海绵状，随后地上部有 1～2 片羽叶从叶柄基部开始萎缩，维管束变褐色，幼嫩羽叶开始萎蔫。随着病情发展，常见老羽叶叶柄基部干缩倒伏，病部周围变褐腐烂，直至整个茎干腐烂。苏铁茎腐病具有病情发展快、传播蔓延迅速的特点。若未及时发现控制，就会引起大面积发病，造成重大损失。

防治茎腐病除栽植时要做好土壤消毒工作外，平时应注意做好开沟排水，梅雨季节前对未发病的植株可用灭病威 100 倍液浇灌根茎部预防。若发现病株，则应在发病初期及时切除病部，并用 0.2% 高锰酸钾液清洗创面，晾干后再用百菌清或多菌灵粉剂涂抹创面防治。亦有报道说，在植株基部周围撒施生石灰，可在一定程度上预防茎腐病的发生。

8.1.2 斑点病

斑点病又称白斑病，是苏铁属植物最常见的病害之一。系由苏铁壳二孢菌侵染引发的真菌性病害。发病时病原菌的分生孢子器突破表皮，散生或聚生于叶面，几乎无色，但多数聚集在一起即呈浅黄褐色。发病初期仅在叶片正面可见针尖大的淡黄色小点，后期病斑不规则，一般直径为2~4mm，病斑不受叶脉部位限制，边缘呈红褐色或紫红色，中央白色，上生黑色粒状物，与叶片健康部位组织界限很明显，发病严重时，病斑与病斑相连，致使整个叶片成片干枯、断裂。病原菌在苏铁病残体上越冬，分生孢子借风、雨传播。发病最适宜温度为22~28℃，相对湿度95%以上，高温多雨的夏秋较易发生，且高温强光照下会加重病情。

防治斑点病主要是加强栽培管理，地栽宜选择土层深厚的微酸性砂质壤土，避免在低洼渍水处种植。盆栽宜用砂壤土，栽后要增施腐熟肥，并放置在通风良好、光线充足处莳养，高温时多淋清水，切勿长久置放在水泥地上。发病后要及时剪除病叶枯叶，减少传染来源，增施腐熟有机肥，以增强树势，提高抗病力。发病初期可用1:1:200的波尔多液，77%氢氧化铜600倍液，75%百菌清可湿性粉剂600倍液，70%甲基托布津可湿性粉剂700~1000倍液，58%雷多米尔锰锌500~600倍液，交替喷洒，每10天1次，连喷3~4次。平时或冬季入室越冬前可用3~4倍波美度的石硫合剂喷布预防。

8.1.3 炭疽病

苏铁炭疽病又称苏铁赤斑病，系由炭疽病菌侵染引起的真菌性病害。一般从羽叶的端部或羽片的边缘开始发生，初期在叶面上出现黄色或红色小斑点；后期病斑扩大，形状近椭圆形，不规则状，直径约0.5~1.5cm，褐色或赤褐色，病健交接处清晰可辨，遇雨天可见病斑上散生有黑色小点，且以叶背居多，以后逐渐扩大，靠近叶尖端的病

斑向叶内扩展，可使羽片端部枯黄（褐）色，严重时全叶乃至整个分枝枯死。炭疽病在叉叶苏铁、元江苏铁和四川苏铁发生较重，其中又以叉叶苏铁发生最重。

防治炭疽病平时要注意合理施肥，秋冬及时修剪病虫枝叶，改善通风条件。新叶抽发时，应立即喷洒27%高脂膜150倍液，发病期间喷洒炭疽福美500～800倍液，隔7天喷洒一次，连续2～3次。

8.1.4 叶枯病

苏铁叶枯病又称苏铁炭疽病。系由半知菌亚门的炭疽菌侵染引发的一种真菌性病害。发病初期叶面上出现针头大小的淡黄色病斑，10天左右一般面积不甚扩展，但若雨水充足，2周后病斑就会迅速扩展成直径3～4mm的圆形或近圆形，病斑中央暗褐色，边缘黑褐色，病健交界处明显可辨。后期病叶多变为黑褐色，呈焦枯状，在病叶上可见有许多圆形的黑色子实体。病原菌都在病叶上越冬，翌年产生分生孢子进行传播蔓延。高温多雨季节有利于病害的发生，土壤贫瘠黏重、通风透光不良的栽培环境下发病较重，冬季受冻后也容易发生。

防治叶枯病重在平常管理。栽培宜选择土壤疏松、排水性能好的地块，盆栽植株不要长时间放置在干热的水泥地面上莳养，冬季则要注意防寒保暖。同时，可在发病初期，喷洒70%炭疽福美500倍液，或70%多菌灵可湿性粉剂500倍液防治。若能在药液中添加0.1%黏着剂（如聚乙烯醋酸酯、肥皂液等）则效果更好。

8.1.5 流胶病

苏铁流胶病多发生在苏铁的根、茎和叶柄上，且多是因机械性创伤及浇水过大，盆土黏重、施肥不当等因素的影响，造成创面呈溃疡性发展，茎干不同程度的腐烂。初期从损伤处流出的胶状物多为透明状，后受到病菌感染而变为糊状。久而久之，病菌和昆虫借此不断地繁衍，伤口不断扩大，直到侵入主干（茎）的髓部，导致全株死亡。

防治流胶病关键在于平时的管理作业要细心，尽量避免机械损伤发生。起苗、移栽、取芽、剪叶后，都要认真处理好伤口。移栽时如根系受损，则一定要待损伤的根流胶停止且有结晶或干燥后，再行定植；取芽完毕要及时涂上防腐剂。一旦流胶病发生，就要及时用利刀仔细刮除溃疡处的腐烂组织，直达新鲜组织为止，并用酒精消毒杀菌，待干燥后再涂上防腐剂。若溃疡面较大，则宜将病株挖起，剪去所有叶片后，用火灸烧溃疡处数秒，并待灸烧创面冷却后，再用蜡封闭创面，然后将整株苏铁放入0.1%的高锰酸钾溶液中消毒10min，取出后用素沙扦插，只要细心管理，不久就会重新生根抽叶成苗。

8.1.6 煤烟病

煤烟病又称为煤污病，是苏铁属植物的常见病之一。发病时叶片表面先出现暗褐色的霉斑，以后逐渐扩大，使全叶或大部分叶片表面布满黑色煤烟状物，煤烟层易剥落；被煤烟完全遮盖的叶片，因光合作用受影响而变黄，最终导致整株枯萎死亡。

防治煤烟病的关键在于改善植株通风条件，有效地控制和消灭介壳虫的发生，并定期喷洒一些广谱杀菌剂，如多菌灵、甲基托布津、退菌特、石硫合剂等，以杀死附着于叶片表面上的病菌。

另外，还有一类非病菌引起的生理病害，如腐烂病、黄斑病、白化病、叶枯病等多种。腐烂病包括茎干腐烂与根系腐烂两种。发病原因主要是浇水过多，或连续阴雨未采取避雨措施，或施肥过多过频，特别是用了生肥与浓肥，或冬季入室太迟，或室温太低受冻，或人为地或意外地发生创伤。因此，要预防此病发生，最根本的是从改善栽培条件，加强日常管理入手。如改良土壤，增加光照，注意通风；适时适量浇水与施肥，不施浓肥与生肥；冬季适时入室，越冬防寒防冻。茎干腐烂一般是从茎干中心髓部开始，逐渐向周围组织蔓延，因此，若发现茎干顶部下陷，便可断定是茎干腐烂。若发现叶片及叶梗变黄，甚至枯焦，则有可能是根腐病，也有可能是叶枯病。如伴有茎

干顶部下陷，就可断定是根腐病。无论是茎腐病还是根腐病，或二者兼有，均应将整株从盆中起出，去掉泥土，视其具体情况，分别进行处理。如只茎顶部分腐烂，且面积不大，根系完好，则可用利刀将腐烂部分剜出，直至剜到新鲜组织为止，然后重新种植。如根系部分或全部腐烂，但茎部是完好的，可剪去叶片及叶梗，除掉腐烂根系，在防腐液中浸泡 1~2 小时后晾干，再植入用高锰酸钾淋透的河沙中，水分宜干不宜湿，直至生根后，再换土种植，转入常规养护。若茎干与根系全部腐烂，则可将未腐烂部分切成 2~4 块，晾干后用消过毒的河沙扦插，置散射光下或半阴处莳养，平时控水半干半湿为宜，待长出吸芽后，或进行分植，或作多头苏铁盆景培养。

黄斑病又称黄化病。发病初期叶片上出现针尖大小的淡黄色斑点，后扩展为圆形或近圆形斑点的颜色可加深至黄色或淡黄色，但斑点的扩展不快，斑点与健部的交接处也不很清晰，多呈水渍状，正反面表现较一致。斑点扩展到一定程度后，有的相互之间可连成片导致全叶出现黄化症状，严重时会导致全株黄化。黄斑病在苏铁生产上发生较严重，症状多出现于花期和花后的植株上，尤以雌花较严重，而没开花的植株则极少发生。黄斑病的病因目前还不清楚，目前多认为是花期消耗大量营养元素及各种生理变化导致的，先期可能是一种生理性病害，后期可能伴有弱寄生菌的侵染。

白化病主要表现在新抽羽叶片上，有时也表现于叶柄和叶轴上；小羽叶片先褪绿渐产生黄色至黄白色、大小不等的不定型病斑，病斑常彼此联合成大枯斑，使整片羽叶只剩基部保持绿色；后期小羽叶片常呈不规则卷曲，严重影响新羽叶生长与树势。苏铁白化病是一种生理病害，是缺少锰元素引起的，一般发生于偏碱性土壤或土壤黏重、通气不良的地方。防治白化病可在生长期间适当增施有机肥，调节土壤酸碱度至弱酸性，同时叶面追施微肥，调整营养状况。在新羽叶抽发前和抽发初期叶面喷洒 0.2%~0.5%硫酸锰与 0.2%磷酸二氢钾加

少量尿素混合液，隔 7～10 天再喷一次，连续 2～3 次。

而叶片发黄、叶尖枯焦的原因很多，除病虫为害外，土壤缺铁、土质黏重、植株受冻、光照不足或过强、盆土干湿不均、空气湿度不够等都可导致叶片发黄或叶尖枯焦，无论哪种原因引起的叶片发黄，都是很难返青的。只有通过平时的细心管理，增强植株的抗逆性，才能避免黄叶、枯叶的发生，提高苏铁的观赏价值。

8.2 虫害

8.2.1 介壳虫

为害苏铁的介壳虫种类较多，常见的有桑白蚧（图 8-1）、褐圆蚧、苏铁蛎蚧、球坚蚧、龟蜡蚧、红蜡蚧、红肾圆盾蚧、东方肾圆盾蚧、棕肾圆盾蚧等（表 8.1）。

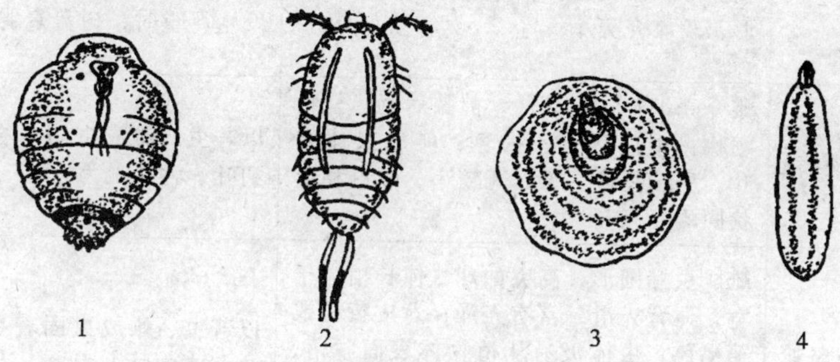

图 8-1 桑白蚧

1. 成虫（去介壳） **2.** 若虫 **3.** 介壳 **4.** 介壳

防治介壳虫关键要保持环境通风良好，光照充足。喷药防治宜在若虫孵化期进行，可用 40%速扑杀 1000～1500 倍液，或 5%吡虫磷乳剂 500 倍液，或 25%亚胺硫磷乳油 1000 倍液，或 40%氧化乐果乳油 1000 倍液，或 50%杀螟松 100 倍液防治，但喷药要均匀，叶面叶背都

要照顾到。如果虫口密度较大，可隔周再喷一次。若为少许发生，则可进行人工清除。盆栽苏铁则可用3%米乐尔或3%呋喃丹颗粒埋施于土中，用药量要根据花盆大小而定。通常大盆施用30～50g，中小盆施用15～20g，但施埋后须浇透水。

表8.1 为害苏铁属植物的主要介壳虫一览表

种类	主要形态特征	为害表现
桑白蚧（桑盾蚧）	雌介壳圆形，灰白至灰褐色；雌成虫橙黄或橙红色，扁卵圆形，腹部分节明显。雄介壳细长，白色；雄成虫橙黄至橙红色，有翅一对	幼蚧和雌成虫为害羽叶、大孢子叶、鳞叶、种子以及树干
褐圆蚧	雌介壳圆形，紫褐色或暗褐色，质坚硬，中央隆起，略呈圆笠帽状；雌成虫倒卵形，淡黄色。雄介壳长椭圆形或卵形，较雌介壳小	以雌成虫和若虫固着在叶片上为害，造成叶色退绿，出现淡色斑点；发生严重时，树势衰弱
苏铁蛎蚧	雌介壳细长，略弯曲，前狭后宽，呈牡蛎状，中间隆起，褐色；雌成虫体粗壮，呈纺锤形。雄介壳较小，颜色和形状同雌介壳	以若虫、雌成虫固定在羽叶、种子上为害
球坚蚧	雌成虫椭圆形，高突如球，体长稍大于宽，体背光滑，富有光泽；背皮黄褐或栗褐色。虫体极易从植物体表面脱落，脱落后有白色蜡迹存在。幼蚧色淡，体型似成蚧，但体壁较软	以若虫、雌成虫固着在叶背或中脉上为害
龟蜡蚧	雌虫蜡壳白色，椭圆形，背面隆起，覆有很厚的蜡质，表面有龟角状凹纹；雌成虫紫红色。雄虫蜡壳较小，呈放射状，颜色同雌介壳	以若虫和雌成虫固着在叶片上吸食汁液

（续）

种类	主要形态特征	为害表现
红蜡蚧	雌虫蜡壳紫红色，近椭圆形，顶部凹陷，形成脐状；雌成虫紫红色，椭圆形，身体两侧中间凹陷很深。雄成虫暗红色	多数以若虫、雌成虫固定在叶面、叶脉上吸食汁液
红肾圆盾蚧	雌介壳圆形，透明，可透见红色虫体。雌成虫老熟时前体部明显呈肾形而极硬化	雌成虫和若虫寄生苏铁羽叶上危害，叶片受害后，叶色失绿，严重时影响生长，导致树势衰弱
棕肾圆盾蚧	雌成虫介壳淡棕色，薄而呈半透明，可以透见棕色虫体，近圆形	以成虫和若虫寄生在叶片和枝干上，刺吸汁液，使叶片发黄、枯落，甚至整株死亡
椰圆盾蚧	雌蚧壳似稻草色，平，圆形，薄而透明；雌成虫体呈梨形。雄蚧壳略椭圆，色泽与质地同雌介壳	寄生于苏铁树干基部、羽叶叶柄、羽片上为害，严重时可使当年新抽羽叶梢部卷曲

8.2.2 灰蝶

为害苏铁属植物的灰蝶主要有曲纹紫灰蝶和小灰蝶两种。曲纹紫灰蝶（图 8-2）雄虫体长 12mm，展翅 28mm，雌虫略大。头部复眼后方及胸部均被灰黑色鳞毛，触角各节基部白色，体表黑色，腹部背面黑色，腹面白色至灰白色。老龄幼虫长 12mm，宽 5mm，扁椭圆形，身被短毛，体色青绿或紫红色，背面色较浓，各节分界不很明显，末两节背面与体纵轴成 45°倾斜。蛹短椭圆形，长 11mm，宽 5mm，背面黑褐色被有棕黑色短毛，胸部与腹部分界较明显，腹面淡黄绿色。翅芽上的翅脉呈淡黄绿色。以幼虫危害苏铁新抽出的心叶，幼虫多数群集于新抽心叶处蛀食叶柄和叶片，严重时把心叶蛀食得残缺不全至干枯，严重影响苏铁生长。

图 8-2　曲纹紫灰蝶

小灰蝶成虫青蓝灰色，体长 10～20mm，翅展 30mm，触角 17 节。雌性后翅只有 3 个黑色圆点较明显，中间无红圆点。雌成虫也有一个呈短带状的尾长突起。卵为圆形，草绿色，有纵条纹，直径为 0.3～0.4mm，孵化时颜色为灰褐色。刚孵化时的幼虫为黄带青色，取食后呈淡青黄色。幼虫体长 10～12mm，宽 3.5～5mm，呈扁椭圆形，体被初时为白色，后渐成青绿或紫红色。蛹短椭圆形，长 9mm，宽 4mm，背面黑褐色被有黑色短毛，腹面淡黄绿色，接近羽毛时颜色较深。幼虫危害刚萌发不久的苏铁的叶芽叶柄，严重时致使苏铁的叶片和叶柄全被吃光。

防治灰蝶首先要注意及时清理树体上下的枯枝烂叶，特别是被灰蝶危害过的叶片，并及时烧毁，减少越冬虫源；其次，开春后适当早施肥，促进新抽羽叶及球花早生快发，避过灰蝶危害盛期；第三，及时喷药防治，成虫产卵盛期可用 20%杀灭菊酯乳油 2500～3500 倍，或 20%灭扫利乳油 1000 倍液，或 80%敌敌畏乳油 800 倍液，或 80%敌百虫 700 倍液，或 40%水胺硫磷乳剂 1500 倍液，于上午 8～10 时和下午 4～5 时喷杀；幼虫初发期，则宜用 0.1%怡农强杀水剂 800～1200 倍液，或 5%抑太保乳油 1000～2000 倍液，或 0.3%印楝素 500～1000 倍液喷雾，有良好效果。少量发生时，也可人工捕杀。

8.2.3 白蚁

为害苏铁属植物的白蚁主要有黄翅大白蚁和黑翅土白蚁（图 8-3，8－4）两种。黄翅大白蚁在土中筑巢，整个生活都离不开土壤，为土栖性白蚁。大兵蚁体长 10.5 ~ 11mm。头深黄色，上颚黑色，头及前

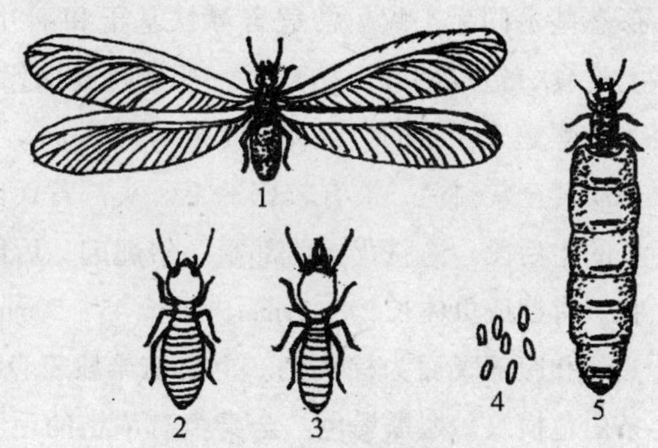

图 8-3 黑翅土白蚁

1. 有翅成虫 2. 工蚁 3. 兵蚁 4. 卵 5. 蚁后

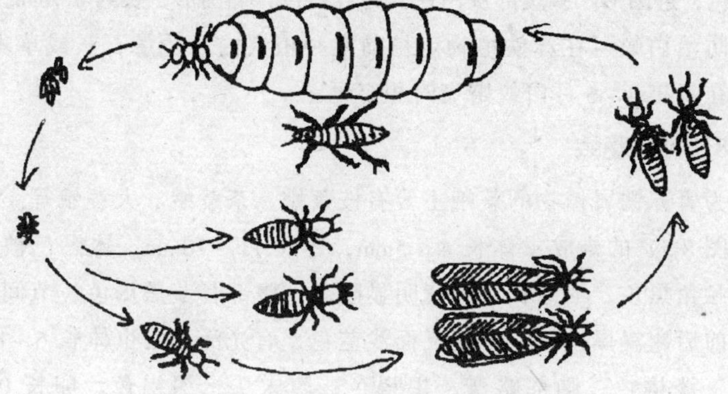

图 8-4 黑翅土白蚁生居史示意图

胸背板有少数直立的毛；腹部背面毛少，腹面毛较多。小兵蚁体长 6.8 ~ 7mm，体色较淡，头卵形，侧缘较大兵蚁更弯曲，后侧角圆形。有翅成虫体长 14 ~ 15.5mm，翅长 24 ~ 26mm。体背面栗褐色，翅黄色。头宽卵形；复眼长圆形，黑褐色；单眼椭圆形，棕黄色。前翅鳞大于后翅鳞。卵乳白色，长椭圆形。大工蚁体长 6 ~ 6.5mm，头红棕色，胸腹部浅棕黄色。小工蚁体长 4.16 ~ 4.44mm，体色比大工蚁略浅，其余

形态基本同大工蚁。常危害苏铁基干和羽叶，在羽叶叶柄中从基部向上蛀食，造成羽叶干枯死亡，严重时整株死亡。

黑翅土白蚁的兵蚁体长5.44～6.03mm。头暗深黄色，被稀毛；胸腹部淡黄至灰白色，被有较密的毛。头部背面卵形，长大于宽，最宽处在头的中后段。前胸背板前部窄，斜翘起；后部较宽，从上方看形如元宝状。有翅成虫体长27～29mm，翅长45～50mm。头胸和腹部背面黑褐色，头部和腹部腹面为棕黄色。上唇前半段橙色，后半段淡橙色，中间有1条白色横纹。翅黑褐色。全身覆有浓密的毛。头圆形，复眼椭圆形黑褐色，单眼亦椭圆形橙黄色。前胸背板微狭于头，前宽后狭，前缘后方有一小而带有分支的淡色点。前翅鳞大于后翅鳞。工蚁体长4.5～6mm，头淡黄色，近圆形。胸腹部灰白色。卵乳白色，椭圆形，长约0.7mm。

防治白蚁可在苏铁植物定植前在种植穴内放适量石灰或草木灰，也可在每年4～6月白蚁婚飞时用灯诱杀。

8.2.4 蓑蛾

为害苏铁属植物的蓑蛾主要有桉蓑蛾、茶蓑蛾、大蓑蛾等。桉蓑蛾（图8-5）的雄成虫体长4～5mm，翅展11～18mm，体黑色被白色毛。触角黑色，羽毛状。胸背明显隆起，腹部各节黑褐色，节间橙黄色。前后翅浅黑棕色，后翅反面浅蓝色，有光泽。雌虫体长6～8mm，头小，淡褐色；胸部略弯，黑褐色；腹末尖，深褐色。卵长0.6～

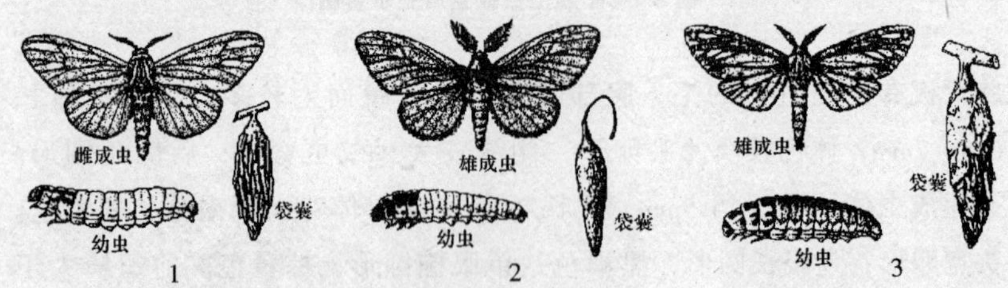

图8-5 蓑蛾

1. 桉蓑蛾；2. 茶蓑蛾；3. 大蓑蛾

0.7mm，椭圆形，米黄色。老熟幼虫体长 6 ~ 8mm。头黄白色；胸部背板黑褐色，背线黄白色；腹部黄白色。雌蛹体长 5 ~ 8mm，纺锤形，黄褐色，两端色较深，腹部第 3 ~ 6 节背面后缘各有一列刺突。雄蛹体长 4 ~ 5mm，黄褐色。袋囊小型，长 8 ~ 18mm，圆锥形，灰褐色，囊外粘附碎叶片及树皮碎屑，内层丝织，灰白色。

茶蓑蛾（图 8-5）的雌成虫体长 12 ~ 18mm，米黄色；头及胸部背面褐色，有光泽。前胸两侧及前缘各着生一丛蛋黄色绒毛。腹部黄白色，腹末尖，紫色。雄成虫体长 11 ~ 15mm，翅展 22 ~ 28mm，体翅茶褐色。卵椭圆形，长 0.8mm，宽 0.5mm，淡黄色，稍有光泽。老熟幼虫体长 18 ~ 28mm，头黄白色，散布黑褐色网状纹，胸部背面黑褐色，前中胸背线黄白色，后胸背线暗紫色；腹部暗肉黄色，各节毛片明显。雌蛹体长 16 ~ 21mm，褐色。雄蛹体长 13 ~ 18mm，褐色。雌囊长 30 ~ 40mm，雄囊长 20 ~ 30mm，灰褐色圆筒形，两端稍细，表面缀有长短不一，平行排列的枝梗。

大蓑蛾（图 8-5）的雄成虫体长 15 ~ 20mm，翅展 35 ~ 44mm，体黑褐色，前翅沿翅脉黑褐色。雌成虫体长 22 ~ 30mm，蛆状，头小淡赤色，胸背中央有 1 条褐色隆背。后胸腹面及第七腹节后缘密生黄褐色绒毛环，腹内卵粒清晰可见。卵椭圆形，黄色，长 0.8mm。初龄幼虫黄色，少斑纹。3 龄以后雌雄异态，老熟时，雌幼虫体长 25 ~ 40mm，粗肥，头部赤褐色，头顶有环状斑，亚背线、气门上线附近有大型赤褐色斑，呈深褐淡黄相间的斑纹，腹部黑褐色。雄幼虫老熟时体长 18 ~ 25mm，头黄褐色，中央有 1 白色“八”字形纹，胸部灰黄褐色，背侧亦有 2 条褐色纵斑，腹部黄褐色。雌蛹长 28 ~ 32mm，赤褐色，似蝇蛹状，枣红色。雄蛹体长 18 ~ 24mm，暗褐色。老熟幼虫的袋囊长 40 ~ 70mm，丝质坚韧，囊外附有较大的碎叶片。绝大部分以老熟幼虫在袋囊中过冬，越冬幼虫至翌年春季一般不再活动或稍微活动取食，雌成虫将卵产于蛹壳，幼虫孵出时间以 14 ~ 15 时最盛，

小幼虫先将卵壳吃掉，滞留在蛹壳内 2 天左右。幼虫爬出袋囊后开始取食羽叶表皮、叶肉，留下另一层表皮，形成透明枯斑或不规则的白色斑块。2 龄后造成叶片缺刻和孔洞。大蓑蛾发生虫口较多时，能将叶片吃光，影响生长。幼虫自身负袋爬行传播，扩散距离不远。初孵幼虫吐丝下垂随风吹移，较爬行要远，扩散距离由风力大小而定；越冬期随苗木外运可迁移，造成大范围扩散。雌成虫产卵于蛹壳内聚集成堆，卵堆上由虫体黄绒毛覆盖。雌成虫产卵量以幼虫取食不同的树种而有差异。大蓑蛾幼虫多趋向于阳光较充分的枝条上活动危害。初孵幼虫天敌主要有瓢虫、蚂蚁、蜘蛛；接近老熟时寄蝇的寄生率很高，有几种鸟类能啄食大袋幼虫。

防治苏铁蓑蛾可在幼虫盛发期喷施 90% 敌百虫晶体水溶液或 80% 敌敌畏乳油 1000～1500 倍液，或 2.5% 溴氰菊酯乳油 5000～10000 倍液，只要喷雾均匀周到，防治效果很好；家庭盆栽苏铁也可人工摘蓑蛾。

8.2.5 蝽象

为害苏铁属植物的蝽象主要有麻皮蝽与荔枝蝽两种（图 8-6），1 年均发生 1 代，多于每年的 4～7 月份群集在苏铁的幼嫩部位吸食叶片的汁液，导致叶片出现黄斑、枯萎等病症，严重时整株叶片枯黄，失去观赏价值。

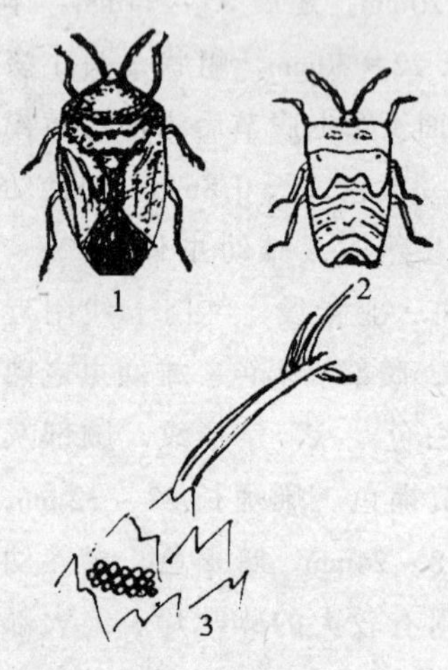

图 8-6 荔枝蝽

1. 成虫 2. 若虫 3. 卵块

麻皮蝽又名黄斑蝽象、臭板虫，可为害苏铁、梅花、柑橘、葡萄、木槿等多种植物。成虫体长 18～23mm；头长，黑色，具粗刻点，渐向前尖，头部背面黑色，其侧缘及中央有黄色纵纹，触角黑色，第 5 节基部淡黄色；卵圆形，灰

绿色，顶端有一圆形卵盖。若虫椭圆形，腹部背面两侧各有黑点，背面有黑斑，随虫龄而变化。麻皮蝽以成虫群集屋檐下的隙缝、瓦缝以及树皮裂缝、枯叶落叶和杂草丛中越冬。若虫善爬行，成虫善飞翔，而且活动比较隐蔽，人们难以及时发现，甚至常将其为害后出现的黄斑误认为叶枯病加以防治。

荔枝蝽俗称臭屁虫，成虫体黄褐色，盾形，雌虫体长24～28mm，雄虫体长22～26mm；臭腺开门于中足基部侧后方；卵近圆形，多淡绿色，常14粒排列成块；若虫共5龄，臭腺开口于腹部背面第4～5节间和第5～6节间各一对。荔枝蝽以性未成熟的成虫越冬于浓密的叶丛背面或屋檐下，翌年3月春分前后恢复活动，交尾1～2天后即产卵，卵于4月份开始陆续孵化。初孵若虫有群集性，数小时后分散取食。

防治苏铁麻皮蝽可于每年5～6月间若虫期喷洒40%的氧化乐果1500倍液或80%敌敌畏1500倍液，每7～10天喷1次，连续喷2～3次，可获得良好效果。每年入冬后及时剪去枯叶、黄叶，清除杂草，并集中烧毁，对翌年防治麻皮蝽危害也有好处。

9 苏铁的观赏与应用价值

9.1 苏铁的观赏价值

苏铁是我国传统的观赏树种之一，早在清朝陈昊子编著的《花镜》中就有："凤尾蕉一名番蕉……叶长二、三尺，每叶细尖，瓣如凤毛之状，色深青，冬亦不凋……人多盆种庭前，以为奇玩"的记载。那青翠光亮的羽叶，鲜黄雄壮的雄球花，色彩鲜艳的种子，无不给人以赏心悦目的色彩美，而苍劲的树干，婆娑的树形，舒展的羽叶均具有极高的观赏价值，在园林造景、室内装饰、艺术插花等方面得到广泛应用。

9.1.1 园林绿化造景

我国苏铁园林栽培应用的历史非常悠久，以其挺拔秀丽、四季常绿和铁骨铮铮的风姿备受人们的青睐，是长寿、健康和吉祥的象征。不论是地栽，还是盆栽，都能给人以庄严肃穆的感觉和富贵博大的气派，许多地区或园林景点更以拥有一株或数株年岁久远的古苏铁而声名远播。

苏铁植物在现代园林建设中应用十分广泛，既适合于古代建筑的陪衬，又可用于现代建筑的配植，均能取得良好的景观效果。在我国各地许多古建筑庭园中，只要生长环境适宜于苏铁生长，往往都能发现年代久远的苏铁植物，而且常常还是庭园的主景树，如四川峨眉山的报国寺和伏虎寺，都是以四川苏铁作为主景树的。这是因为苏铁本身就是一种远古植物，它的外形外貌无不体现出它的苍劲古老，与古建筑配合显得十分和谐。在加深古建筑物历史感的同时，还能预示着旺盛的生命力。因此，苏铁植物一般多出现在寺庙、宫殿、府邸、古

塔等古建筑庭园中，常见的有苏铁、刺叶苏铁、台东苏铁、篦齿苏铁、台湾苏铁及仙湖苏铁等树干和叶冠都比较粗大、观赏价值较高的种类。而随着现代社会的高速发展，城市建设日新月异，一座座高楼大厦如雨后春笋般耸起，一幢幢式样别致的花园别墅星罗棋布地出现在城乡各地。在这些棱角分明、线条清晰、抽象前卫的现代建筑中也是随处可见苏铁植物的身影，它们虽然没有鲜艳夺目的花朵，但却有形态奇特的树形与四季常绿的身姿，既能表现现代建筑抽象性，又能烘托现代建筑的形体美，能让人获得赏心悦目的感官效果。

此外，苏铁植物既喜光，亦耐荫，易栽培，易管理，易繁殖，抗污染，在我国许多城市的道路、广场、街边绿地、住宅小区、高档别墅、公园、植物园等处都可见到其坚韧挺拔、气势雄伟的身姿，尤其适合于营造热带风光，深受人们的喜爱。但具体的配植方式则需因景而异，因物而异，无论是丛植或群植、孤植或列植，都要根据景观要求与种植植株的大小，经详细规划后再确定，才能达到应有的效果。

图 9-1　苏铁丛植于水边或人工岛上造景

苏铁植物的配植方式分规则式种植与自然式种植两类。规则式种植就是把苏铁属植物和其他植物按一定的规定

图 9-2 苏铁列植

种植在一起，包括列植和对植两种。列植就是将苏铁植物按一定的距离列植，主要用于道路绿化和湖畔造景，那雄伟的气势、整齐的造型，可充分体现热带风光与南国特色。对植则多见于建筑物入口处，常以两株造型与大小相近的个体对称种植于大门两侧。而自然式种植则包括孤植、丛植、群植等多种，其中的孤植与丛植最为常见。孤植适用于表现树木的个体美，突出它的形体和姿态美。苏铁孤植，可利用它的树干和羽叶作文章。多选用植株高大、树形独特、分枝较多的个体，有独领风骚的效果。它们与草坪或地被植物的配置构建花坛可以说是一种最佳的造景方式。丛植是以 **3～10** 株同种或几种植物组合在一起的种植方式，这是一种自然式园林中要求较高、艺术性较强的种植方式。它以树丛为主景，一方面要将树丛当作一个统一的群体来考虑，要有群体美；另一方面要考虑组成树丛的每一株个体也都要能在统一的构图中表现其个体美。苏铁的树丛多为苏铁属单纯树丛或与棕榈科植物混种的混交树丛，有作庇荫用的，有作主景用的，有作诱导用的，也有作建筑物、假山等景物的配景用的。树丛作主景时可以

配置在大草地中央、水边、岛屿、河弯或土丘及岩石边等，但通常要求四周空旷，以突出主景。群植则是将苏铁植物作为一个类别群体种植，通常数量较大，十几株至几十株不等，甚至更多，以更加突出群体美，增强群体的感染力，突出人造景观的意境，适合大面积场所的布置，抑或苏铁园的建造。

9.1.2 室内绿化装饰

室内绿化装饰以植物为材料美化环境，是室内的陈设物向大自然借景，将园林情调引人室内，在室内再现大自然景色的一种装饰艺术。它不仅可以美化环境，还可以净化空气、调节温度，有益于身心健康、陶冶情趣，并给人以美的享受。

苏铁生长缓慢，自然形态规整，具较强的耐荫性，四季常绿，极富南国风光特色，适盆栽观赏，同时还可加工成盆景陈设，观赏价值极高。但与其他植物一样，将苏铁植物用于室内绿化装饰需进行必要的艺术处理，以达到比例适度、色彩协调、整体和谐、中心突出的观赏效果。盆栽苏铁通常体量较大，适用于大型会场、商业空间、办公大楼的走廊过道等公共场所的装饰，以展现南国风光特有的自然美，增强室内环境的表现力和感染力，使建筑空间更加充实丰满、润泽而富有层次，渲染室内空间的气氛。而造型别致的苏铁盆景则适用于居家客厅、宾馆大堂、办公室、会客室等场所，再配以特色浓郁的几架，则极易让人感受到浓郁葱绿、叶影摇曳、孕风生凉的视觉效果。此外，盆栽苏铁也常作为临时召集性摆放，提

图 9-3　盆栽苏栽装饰环境

供即时装饰效果也非常理想。当然盆栽苏铁用于室内绿化装饰，要充分考虑光照、湿度与湿度等3个因素，摆放位置要选择光照尽可能充足的地方，如果同时具有较好的湿度条件，并能保持盆土见干见湿，则会增强植株的生命力，延长观赏期。

图 9-4 鳞秕泽米用于制作组合盆栽

9.1.3 高级花艺材料

苏铁叶色浓绿有光泽、叶形独特，羽片规则整齐，挺拔刚劲，韧性良好，水养持久，易于造型，具多样的弧形变化，可组成极其生动的构图，再加上人工的剪、曲、扭等艺术加工手段，构图变化更加丰富，是现代花艺的常用花材之一。既可用于装饰镶边，制作花篮、花圈，也可用于东、西方各式现代插花，是艺术插花常见的背景材料之一。与各色主花相配，都可获得清新悦目、轻松活泼的效果。

9.2 苏铁的药用与食用价值

苏铁属植物中许多种类不仅具有很高的观赏价值，而且具有很高的药用和食用价值。清朝赵学敏所著《本草纲目拾遗》一书中就有“铁树平肝，治一切肝气痛。难产，铁树叶三片，煎水一碗服之，即下。”的记载。《本草求原》《植物名实图考》《陆川本草》等古药书把苏铁叶的功效归结为解热毒、凉血、散淤止血等，治痢症和一切心胃及气痛。苏铁花有小毒，具有活血化淤、益胃、固精、理气等功能，用于治疗吐血、胃痛、咳嗽、遗精、带下、腰痛等症。苏铁果实和种子有小毒，有消炎、止血、平肝、降血压、固精、涩带等功效。苏铁

茎和根有祛风、活络、补胃、止血等功效，用于治疗肺结核、慢性肝炎、黄疸、难产、癌症、咯血、肾虚、牙痛、经痛、腰痛、带下、风湿关节、麻木疼痛、无名肿痛、跌打损伤等症。其中，苏铁、华南苏铁、云南苏铁、篦齿苏铁的根、叶、花、种子均可入药，性甘、淡、平、有小毒。羽叶收敛止血，解毒止痛，煎水治咳有特效；大孢子叶理气止痛，益肾固精；种子平肝，降血压；根系祛风活络，补肾。刺叶苏铁根用于无名肿痛，暹罗苏铁根用于黄疸，茎叶用于慢性肝炎、黄疸、难产、癌症，种子用于泄泻、痢疾、水肿、呃逆和咳嗽痰喘。民间有以树干熬汤治胃病、茎顶毛止血的风俗，甚至还有用叉孢苏铁树干与七叶一枝花适量煮稀粥治愈肝肿大与肝癌的病例记载。但近年来，营养学、毒物学、流行病学等方面的专家都认为苏铁植物中的苏铁苷和大查米苷是引起人和动物器官许多急性和慢性生理混乱的近源介质，过量使用会产生头晕、呕吐等中毒症状，严重者发生导致呼吸麻痹而致死。

苏铁髓部富含淀粉，提取后可供食用。在20世纪50年代末60年代初，我国许多地方发生饥荒，许多苏铁产地的农民都上山挖掘苏铁树兜，削去树皮，切成薄片，碾成粉末在水中漂洗，除去有毒成分后制成淀粉供食用。虽破坏了许多珍贵的苏铁资源，但也挽救了许多人的生命，故在一些地区苏铁有“神仙米”“西米”的美称。甚至在云南等地区的少数边远地区，至今还有类似风俗。除了茎干髓部淀粉可食外，华南苏铁的幼叶可作蔬菜食用，苏铁种子（俗称凤凰蛋）内含油约20%，可以炒食，但其中含有苏铁苷、苏铁新苷、四萜胡萝卜烯衍生物和多种黄酮类有毒物质，切不可多吃。甚至还有苏铁茎干去皮切片后可作酒曲酿酒，能提高出酒率的报道。

参考文献

1. 王发祥，梁惠波主编．中国苏铁．广州：广东科技出版社，1996

2. 管中天，周林．中国苏铁植物．成都：四川科学技术出版社，1996

3. 陈丹丰．福州名刹．北京：地质出版社，1994

4. 陈植．观赏树木学（增订版）．北京：中国林业出版社，1984

5. 周燕等．苏铁植物研究概况．世界科学技术——中药现代化，3（1）：47－50

6. Trevor J. Nicholls，Knut J. Norstog. The Biology of the Cycads，Hardcover，Cornell Univ Press. 1998

7. Jack Krempin. Palms and Cycads Around the World，Hardcover，Amer Nurseryman. 1999

8. Lynette Stewart. A Guide to Palms & Cycads of the World，Hardcover，Harper Collins. 1994

9. David L. Jones，Dennis Stevenson. Cycads of the World，Hardcover，Smithsonian Institution Press. 1993